Bibliografische Information der Deutschen Nationalbibliothek:

Die Deutsche Bibliothek verzeichnet diese Publikation in der Deutschen Nationalbibliografie; detaillierte bibliografische Daten sind im Internet über http://dnb.d-nb.de/ abrufbar.

Impressum:

Druck und Bindung: Books on Demand GmbH, Norderstedt Germany
ISBN: 9783668530607

Dieses Buch bei GRIN:

http://www.grin.com/de/e-book/371045/faktoren-zur-reduzierung-von-emissions-werten-bei-dieselfahrzeugen-betrachtung

Sven Müller

Faktoren zur Reduzierung von Emissionswerten bei Dieselfahrzeugen. Betrachtung und kritische Bewertung von Möglichkeiten

NOX-Speicherkatalysator, Dieselpartikelfilter, Diesel-Oxidationskatalysator, Abgasrückführsystem

GRIN Verlag

Fachbereich: Ingenieurwesen
Studiengang: Wirtschaftsingenieurwesen (B.Eng.)

Projektarbeit

Evaluation der Faktoren die zur Reduzierung von Emissionswerten von Dieselfahrzeugen führen können

Wintersemester 2016/2017

Inhaltsverzeichnis

Abbildungsverzeichnis

Tabellenverzeichnis

Abkürzungsverzeichnis

CO_2	Kohlenstoffdioxid
PKW	Personenkraftwagen
NKW	Nutzkraftwagen
MAN	Maschinenfabrik Augsburg-Nürnberg
Kfz	Kraftfahrzeug
LKW	Lastkraftwagen
OT	obere Totpunkt
UT	untere Totpunkt
V_c	Verdichtungsraum
V_h	Hubraum
ROZ	Research-Oktanzahl
DSG	Direktschaltgetriebe
KW	Kilo Watt
CZ	Cetanzahl
DIN	Deutsche Institut für Normung
EN	Europäische Norm
ASTM	American Society for Testing and Materials
FAME	Fatty acid methyl ester
FAFE	Fatty acid ethyl ester
DPF	Dieselpartikelfilter
NO_x	Stickoxid
SCR	Selective Catalytic Reduction
TÜV	Technischer Überwachungsverein
EPA	Environmental Protection Agency
CO	Kohlenmonoxid
HC	Kohlenwasserstoff
N	Stickstoff
O	Sauerstoff
NO	Stickstoffmonoxid
NO_2	Stickstoffdioxid
NSC	NOx Storage Catalyst

$BaCO_3$	Bariumcarbonat
N_2O	Distickstoffmonoxid
PT	Platin
NCS	NOX Storage Catalyst
NH_3	Ammoniak
$(NH_2)_2CO$	Harnstoff
µm	Mikrometer
CRT- System	Continous Regeneration Trap
CDPF	Catalyst based Diesel Particulate filter
HIC-System	Head Injury Criterion
H_2O	Wasser
PM	Partikelmasse
O_2	Sauerstoff
Al_2O_3	Aluminiumoxid
C_eO_2	Ceroxid
Z_rO_2	Zirkonoxid
Rh	Rhodium
Pd	Palladium
g/ft^3	SI- Einheit (Amerika)
nm	Newtonmeter
CPI	Erdölreifeparameter (Carbon Perference Index)
$Inch_2$	SI- Einheit für eine Größe (Amerika)
V_{kat}	Volumen des Katalysators
V_{hub}	Hubvolumen
AGR	Abgasrückführventil
K	Kelvin
HCCI	Homogeneous Charge Compression Ignition
VTG- Lader	Variable- Turbinengeometrie- Lader
Λ	Lambda

1 Einleitung

Die vorliegende Arbeit ist eine Projektarbeit zum Thema *Evaluation der Faktoren die zur Reduzierung von Emissionswerten von Dieselfahrzeugen führen können*

1.1 Einführung und Problemstellung

Die Nachhaltigkeit definiert eine wichtige Handlungsmaxime der modernen Verkehrspolitik. Diese beinhaltet unteranderem die Realisierung von umweltgerechten und verantwortungsbewussten Verkehrsreformen ohne negative Auswirkungen auf die wirtschaftliche Effizienz. Die durch Fahrzeuge verursachte Schadstoffbelastung der Luft ist eine zentrale Herausforderung. Insbesondere Dieselfahrzeuge stoßen enorme Mengen des umweltschädlichen Kohlenstoffmonoxid CO_2 aus. Als Reaktion auf die hierdurch entstandene Umweltbelastung wurden bereits zahlreiche Maßnahmenpakete verabschiedet. Diverse Reglementierungen wie beispielsweise spezielle Fahrzeugtypprüfungen oder die Erhöhung der Kraftstoffqualität sollen den Konsequenzen des erhöhten Emissionsausstoßes entgegenwirken. Auf die
Verschärfung der Abgasgesetzgebung reagierte die Automobilindustrie mit Verbesserungen der Motortechnik und Abgaskatalysatoren um den CO_2 Ausstoß zu verringern. Die vorliegende Arbeit fokussiert in diesem Zusammenhang insbesondere die Reduzierung der Emissionswerte bei Dieselfahrzeugen.

Moderne Dieselmotoren sind aufgrund der verbesserten Direkteinspritzung und Etablierung der Common-Rail-Technik [1] auf dem PKW-Markt durchaus konkurrenzfähig. Aufgrund der hohen Emissionswerte ist gegenwärtig jedoch eine zunehmende Nachfrage nach batteriebetriebenen Elektrofahrzeugen zu beobachten. Dieser Trend lässt sich auf ein steigendes Bewusstsein über die verehrenden Folgen der Umweltbelastung, verursacht durch die Emissionen von Automobilfahrzeugen zurückführen. Immer mehr Verbraucher achten in den verschiedensten Bereichen des privaten Konsums auf Nachhaltigkeit und besinnen sich auf ihre soziale Verantwortung für die Umwelt. Somit müssen auch die Fahrzeughersteller Ihre Motorentechnik an den ökologischen Zeitgeist anpassen. Die Innovationen im Bereich der Abgasreinigung sind ein erster Schritt zu einer Nachhaltig agierenden Automobilindustrie und zentraler Untersuchungsgegenstand der vorliegenden Arbeit.

1.2 Zielsetzung und Vorgehen

Ziel der vorliegenden Arbeit ist die Gegenüberstellung und Analyse der einzelnen Faktoren die zur Reduzierung von Schadstoffen im Dieselfahrzeug dienen. Hierbei erfolgt eine Differenzierung der jeweiligen Faktoren hinsichtlich deren Einfluss auf

[1] „Bei Common-Rail-Systemen handelt es sich um ein Einspritzsystem für Verbrennungsmotoren, bei dem ein hohes Druckniveau mittels Hochdruckpumpe erzeugt wird." (Brühmann, 2012, S.282.)

die Emissionswerte von Dieselfahrzeugen. Ausgehend von innermotorischen Maßnahmen bis hin zum Ausstoß werden die zentralsten Aspekte der Schadstoffreduzierung thematisiert. Die aus der Analyse entstehende Evaluation soll verdeutlichen, dass nach wie vor ein hoher Bedarf an technischen Innovationen in Bezug auf die Reduzierung von Emissionen besteht.

Die Arbeit gliedert sich in folgende Teile:

Zu Beginn wird im Kapitel 2 auf die Entwicklung, Geschichte und Etablierung des Dieselmotors sowie der Dieselfahrzeuge eingegangen. Nach der kurzen Charakterisierung des Dieselmotors in Bezug auf dessen Aufbau und Funktionsweise erfolgt die Unterscheidung zur Arbeitsweise von Ottomotoren.

Das Kapitel 3 setzt sich inhaltlich mit dem Treibstoff des Dieselmotors, dessen chemischer Zusammensetzung sowie möglichen Alternativen zum Antrieb auseinander. Die Wichtigkeit der Normen, wird anhand der jeweiligen Kenngrößen erläutert.

Nachdem in den Kapiteln 2 und 3 ausführlich die Grundlagen des Dieselmotors erläutert wurden, erfolgt im 4. Kapitel die Auseinandersetzung mit der Abgasgesetzgebung. Die Thematisierung des Fallbeispiels VW verdeutlicht den Bedarf an technischer Innovation sowie den drohenden Konsequenzen für Missachtung der Gesetzgebung. Darüber hinaus werden die Indikatoren zur Emissionsmessung und deren Einfluss auf die Teilhabe am Straßenverkehr erläutert.

Auf die Skizzierung der Grundlagen des Dieselfahrzeugs sowie die umweltpolitischen Aspekte, erfolgt im 5. und 6. Kapitel die schwerpunktmäßige Auseinandersetzung mit den einzelnen Elementen des Schadstoffausstoßes von Dieselmotoren. Im Hinblick auf die Fragestellung dieser Arbeit werden im 6. Kapitel die jeweiligen Faktoren zur Schadstoffreduzierung untersucht. Zunächst erfolgt in Kapitel 5 eine Charakterisierung der Nebenbestandteile aus der Verbrennung des Luftkraftstoff-Gemischs, sowie die Beschreibung der aus den Schadstoffen resultierenden Gefahren.

Das Kapitel 6 ist der Hauptteil dieser Arbeit. In diesem Kapitel werden die jeweiligen Faktoren zur Reduzierung der Emissionswerte gegenübergestellt und bewertet. Durch die Implementierung der Faktoren zur Minimierung der Schadstoffe, wird der stufige Ablauf der Schadstoffreduzierung demonstriert.

Im ersten Schritt werden die einzelnen Bauteile beschrieben, sowie deren Rollen in Bezug auf die Schadstoffreduzierung verdeutlicht. Aufbauend auf der Sekundärliteratur wird jedes einzelne Bauteil beschrieben und hinsichtlich deren Aufgabengebiete definiert. Das Zielsystem wird durch die chemischen Umwandlungen in den jeweiligen Sektoren stufenweise verbessert.

Im zweiten Schritt wird ein systematischer Ansatz zur Implementierung der einzelnen Faktoren nähergebracht. In diesem Zusammenhang wird verdeutlicht, dass die einzelnen Bauteile individuell notwendig und nicht beliebig austauschbar sind.

Die durch die Arbeit gewonnenen Erkenntnisse werden im siebten Kapitel zusammengefasst. Des Weiteren wird ein Ausblick auf die technischen

Entwicklungen im Zuge der Reduzierung von Emissionswerten von Dieselfahrzeugen gegeben.

2 Grundlagen des Dieselmotors

Das folgende Kapitel skizziert einen historischen Abriss, sowie die Auseinandersetzung mit dem technischen Aufbau und mechanischen Funktionsweise von Dieselmotoren. Als Abschluss der Grundlagen erfolgt ein Vergleich des Dieselmotors mit dem Verfahren des Ottomotors, auch unter Berücksichtigung der jeweiligen Stärken und Schwächen des Verbrennungsmotors.

2.1 Historik des Dieselmotors

Der folgende Abschnitt thematisiert den historischen Hintergrund des Dieselmotors. Zunächst soll auf den Entwicklungsprozess der Innovation des neuen Brennstoffes eingegangen werden. Darauf folgt eine chronologische Darstellung der Etablierungsgeschichte des Dieselmotors.

In Zusammenarbeit mit dem Nutzfahrzeughersteller Maschinenfabrik AugsburgNürnberg (MAN) entwickelte Rudolf Diesel im Jahr 1893 den ersten Prototypen des Verbrennungsmotors. Der Dieselmotor war eine Weiterentwicklung des Viertaktmotors von Nikolaus August Otto. Aufgrund der Maße von 3 Metern Höhe sowie dem Gewicht von rund 4.5 Tonnen war dieser erste Prototyp unpassend für den Einsatz in Personenkraftfahrzeugen. Dementsprechend wurden die ersten Dieselmotoren überwiegend in der Schifffahrt und größeren Kraftfahrzeugen eingesetzt. Der Ottomotor ermöglichte durch das Magnetzündungssystem bereits die mobile Nutzung und den Antrieb mit flüssigem Kraftstoff. Diesel steigerte den Wirkungsgrad des Motors und etablierte seine Entwicklung als Serienmodell. Diesels zentrale Intention war eine direkte Einspritzung in den Verbrennungsraum zu ermöglichen. Dieses Vorhaben missglückte jedoch aufgrund der im 19. Jahrhundert noch recht primitiven Pumpensysteme sowie Einspritzventile. Eine Lösung dieser Problematik war das direkte Einblasen des Kraftstoffes mittels Druckluft. Auf diese Weise konnte der Kraftstoff präziser dosiert und effizient im Brennraum verteilt werden. Charakteristisch für die Diesel Technologie ist die Selbstzündung des Kraftstoffes durch die Komprimierung der Verbrennungsluft im Motor.[2]

Im folgenden Abschnitt wird anhand der zentralsten Ereignisse ein chronologischer Abriss über die Etablierung des Dieselmotors vom ersten Prototypen hin zum Serienmodell in modernen PKWs skizziert. Im Jahr 1898 wurden die ersten Dieselmotoren zur Optimierung von Arbeitsabläufen in industriellen Bereichen eingesetzt. Ab 1903 wurde die Technologie des Dieselmotors für den Antrieb von Binnenschiffen genutzt. Die Nutzung von Dieselmotoren in Eisenbahntriebwagen geht auf das Jahr 1914 zurück. Wenige Jahre später wurden bereits Kraftfahrzeuge serienmäßig mit Dieselmotoren ausgestattet (1922). Kurz darauf erproben die Automobilherstellern Benz, MAN sowie Daimler-Motoren-Gesellschaft den Motor bei Nutzfahrzeugen. Diese Erprobungsphase resultierte 1924 in der Markteinführung verschiedener Kfz-Modelle mit Dieselmotoren. Auf das Jahr 1928 kann die

[2] Vgl. Reif, 2012, S.14f.

Etablierung von Dieselmotoren in der modernen Luftfahrt datiert werden. Als Meilenstein ist die serienmäßige Einführung von Pkws mit Dieselmotoren der Firmen Mercedes-Benz und Hanomag im Jahr 1936 zusehen. Der deutsche Automobilhersteller Volkswagen erprobte den Einsatz von Dieselmotoren 1976. Ein steigendes Bewusstsein über die negativen Auswirkungen der Emissionen von Automobilfahrzeugen lässt sich auf das Jahr 1985 zurückführen, in dem Mercedes-Benz den ersten Pkw mit einem Dieselpartikelfilter ausstattete. [3] Die Nutzung von Dieselmotoren bei
Personenkraftfahrzeugen ist im 21. Jahrhundert allgegenwärtig, wodurch auf die Fragestellung der vorliegenden Arbeit Bezug genommen werden kann. Nämlich inwiefern, die unterschiedlichen Faktoren zur Reduzierung der Emissionen von Dieselfahrzeugen im Kontext der globalen Umweltproblematik dieses Jahrhunderts zu bewerten sind.

Abbildung 1: Erster Dieselmotor 1893[4]

2.2 Aufbau und Funktionsweise des Dieselmotors

Um die Ursachen für die Problematik der hohen Emissionswerte von Dieselfahrzeugen zu erläutern, geht das folgende Kapitel auf die Funktionsweise und den mechanischen Aufbau der Dieselmotoren ein. Die Auseinandersetzung mit dem technischen Aspekt dient als notwendige Verständnisgrundlagen dieser Projektarbeit. Zunächst erfolgt eine allgemeine Darstellung des charakteristischen Aufbaus des Dieselmotors. Anschließend wird der klassische Viertaktmotorverfahren erläutert.

---

[3] Vgl. Reif, S.15.

[4] Moers 1984, S. 15

2.2.1 Technischer Aufbau des Dieselmotors

Der Dieselmotor ist im Gegensatz zum Ottomotor ein Selbstzündungsmotor, der sich aus den Komponenten Luft und Kraftstoff selbstzündet. Die Luft im Inneren des Brennraums wird dabei hoch verdichtet, wodurch es zu einem enormen Temperaturanstieg von bis zu 900°C kommt. Aufgrund der hohen Temperatur kann sich der Kraftstoff beim Zusammenkommen mit der erhitzten Luft selbstentzünden. Der hohe Wirkungsgrad von Dieselmotoren ist prägnantes Charakteristikum und zugleich zentraler Vorteil, der Erfindung Diesels, gegenüber dem Ottomotor. Hierdurch verbraucht der Dieselmotor vergleichsweise wenig Kraftstoff. An dieser Stelle ist festzuhalten, dass der Dieselmotor im Vergleich den höchsten Wirkungsgrad hat. Der Dieselmotor verfügt über Zylinder welche durch die Verbrennung des Gemischs von Luft und Kraftstoff betrieben werden. Die Energie des Gemischs wird vom Motor mittels Wärme in mechanische Arbeit umgesetzt. Die typische Auf- und Abwärtsbewegung des Kolbens verlieh dem Dieselmotor auch den Namen „Hubkolbenmotor". Die Pleuelstange treibt die Hubbewegung der Kolben in eine Rotationsbewegung der Kurbelwelle um. Die
Schwungmasse an der Kurbelwelle hält die Bewegung fest und minimiert dadurch die Drehungleichförmigkeit, die wegen den Verbrennungen in den einzelnen Kolben entsteht. Unter Kurbelwellendrehzahl versteht man auch die Motordrehzahl. [5]

Eine weitere Charakteristik bezieht sich auf das sogenannte Vorglühen von Dieselmotoren. Anders als der Ottomotor startet der Dieselmotor nicht durch eine elektronische Zündung. Beim Dieselmotor wird mittels der, durch den Verdichtungsvorgang auf ca. 900°C erhitzter Luft, ein Selbstzündungsvorgang des Motors eingeleitet. Der Vorgang des Vorglühens spielt insbesondere bei niedrigen Außentemperaturen eine Rolle. Moderne Dieselmotoren verfügen über elektrisch betriebene Glühkerzen, wodurch die Aufheizphase des Motors stark verkürzt werden konnte und somit vom Fahrer kaum noch wahrgenommen wird.[6] In Abbildung 2 wird der Aufbau eines Zylinders im klassischen Dieselmotor skizziert.

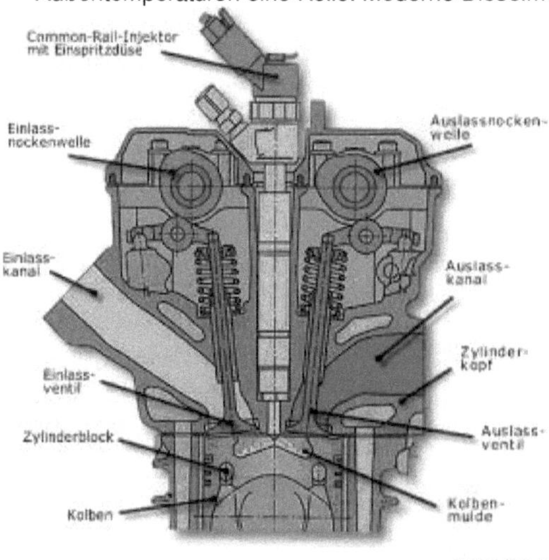

Wichtige Bestandteile

- Einspritzdüse
- Nockenwellen
- Zylinder
- Ventile
- Vergaser
- Luftfilter

[5] Vgl. Raatz, 2010, S.14f.

[6] Vgl. Bosch, 2004, S. 24ff.

- Kurbelwelle
- Schwungrad

Abbildung 2: Aufbau eines Dieselmotors[7]

2.2.2 Der klassische Viertaktmotor

Der folgende Abschnitt dient der detaillierten Veranschaulichung der Arbeitsweise des
Dieselmotors. Der Fokus liegt hierbei auf der Darstellung des klassischen ViertaktDieselmotors. Dessen Aufbau und Funktionsweise in einer Vielzahl von PKWs, LKWs und Schiffen zu finden ist. An dieser Stelle erfolgt die Erläuterung der einzelnen Takte, sowie deren Arbeitsvorgänge.[8]

1. Takt: Ansaugtakt

Vom oberen Totpunkt (OT) aus bewegt sich der Kolben abwärts und vergrößert dadurch das Volumen im Zylinder. Mittels des geöffneten Einlassventils kann Luft ohne vorgeschaltete Drosselklappe in den Zylinder einströmen. Der untere Totpunkt (UT) bestimmt die maximale Größe des Zylindervolumens. ($Vh+Vc$).R

2. Takt: Verdichtungstakt

Beim Verdichtungstakt sind die Gaswechselventile geschlossen. Der aufwärtsgehende Kolben komprimiert, je nach Verdichtungsverhältnis (von 6:1 bei Großmotoren bis 24:1 bei Pkw) die Luft im inneren des Zylinders. Durch diesen Vorgang erhitzt sich die Luft auf bis zu 900°C.

Als Abschluss des Verdichtungsvorgangs wird der Kraftstoff unter hohem Druck (ca. 2200 bar) mittels Einspritzdüse der erhitzten Luft zugeführt. Hierdurch wird im oberen Totpunkt das minimale Volumen (Kompressionsvolumen Vc) erzielt.

3. Takt: Arbeitstakt

Unmittelbar nach dem Zündverzug setzt der dritte Takt, der sogenannte Arbeitstakt, ein.
Hierbei kommt es aufgrund des Zusammenstoßens mit der erhitzen, hoch verdichtete Luft zur Selbstentzündung des Dieselkraftstoffes im Brennraum. Durch den Verbrennungsvorgang wird die Zylinderladung zunehmend erhitzt, was wiederum zu einem Druckanstieg im Zylinder führt. Der Aspekt der Qualitätsregelung meint, dass die aus dem Verbrennungsvorgang entstandene Energie in einem direkten Zusammenhang mit der eingespritzten Kraftstoffmasse steht. Durch den Druck wird der Kolben nach unten getrieben, somit wird die chemische Energie in

[7] Gleisbau-Welt, 2003-2015

[8] Vgl. Grieshaber,2012, S.29.

Bewegungsenergie verwandelt. Diese Bewegungsenergie wird mittels Kurbeltrieb in das an der Kurbelwelle lokalisierte Drehmoment übernommen.

4. Takt: Ausstoßstakt

Das Auslassventil wird kurz vor dem Totpunkt geöffnet. Durch den Druck strömen die erhitzen Gase aus dem Zylinder. Der sich aufwärts bewegende Kolben dient dem Ausstoß der verbleibenden Abgase. Nach zwei Kurbelwellenumdrehungen setzt erneut der erste Ansaugtakt des Viertaktmotorverfahrens ein

Die folgende Abbildung 3 dient der Visualisierung des klassischen Viertaktmotor Verfahrens:

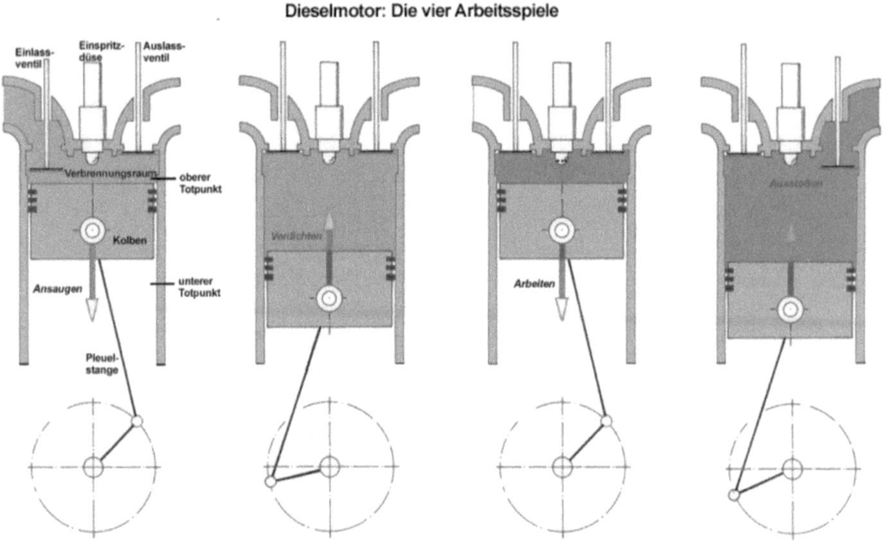

Abbildung 3: Funktionsweise des Dieselmotors[9]

2.3 Unterschiede von Diesel und Ottomotoren

Moderne Automobilhersteller nutzen sowohl Ottoprozessverfahren sowie Dieselprozessverfahren als Verbrennungsmotoren im Personenkraftfahrtsektor. Der hohe Marktanteil von Dieselmotoren im PKW-Sektor beschreibt einen recht neuen Trend der Automobilproduktion. Bisher wurden bei Personenkraftwagen überwiegend Ottomotoren eingesetzt. Wie bereits in der Einleitung erwähnt, kann die gesteigerte

Konkurrenzfähigkeit von Dieselmotoren auf die Innovationen im Bereich der *Dieseldirekteinspritzung* und der *Common-Rail-Technik* zurückgeführt werden.

[9] Technisches Handbuch – Lehrerfreund, 2009.

Weitere prägnante Vorteile des Dieselmotors sind der hohe Wirkungsgrad sowie der daraus resultierende geringe Kraftstoffverbrauch.[10]

Der bei Ottomotoren eingesetzte Kraftstoff ist der Leichtkraftstoff Benzin. Benzin wird aus dem Rohstoff Erdöl gewonnen. Weitere wichtige Eigenschaften des Kraftstoffes sind etwa die Siedekurve, welche zwischen 40°C und 200°C bei einem Außendruck von 1 bar liegt, wie in Abbildung 4 zu sehen ist. Aufgrund der geringen kinematischen Zähigkeit kann Benzin leicht im Vergaser zerstäubt werden. Benzin wird aufgrund der Klopffestigkeit des Kraftstoffes in *bleifreiem Normalbenzin (91 ROZ)*, *bleifreiem Superbenzin (95 ROZ)* und *bleifreiem Super Plus Benzin (98 ROZ)* differenziert. Die Klopffestigkeit bedingt den Widerstand des Kraftstoffes gegenüber der Selbstzündung. Aufgrund der kurzzeitigen Druckspritzen würde eine Selbstzündung enorme

Motorschäden verursachen. Die Klopffestigkeit ist darüber hinaus nützlich für eine Steigerung der Selbstentzündungstemperatur. In diesem Zusammenhang wird der Begriff der *Oktanzahl* als Maßeinheit verwendet und dient außerdem der Klassifizierung von Kraftstoffen. Bis in die 90ger war die Verwendung von verbleitem Benzin geläufig. Die Schmierung sowie die Erhöhung der Klopffestigkeit waren nützliche Effekte des Bleis. Aufgrund von Umweltschutzmaßnahmen ist man zu bleifreiem Kraftstoff übergegangen. Darüber hinaus ist der Einsatz von bleihaltigen Kraftstoffen in der modernen Katalysatortechnik nicht notwendig. Die Problematik im Zusammenhang mit der Klopffestigkeit wurde durch zusätzliche Additiven im Benzin bewältigt.[11]

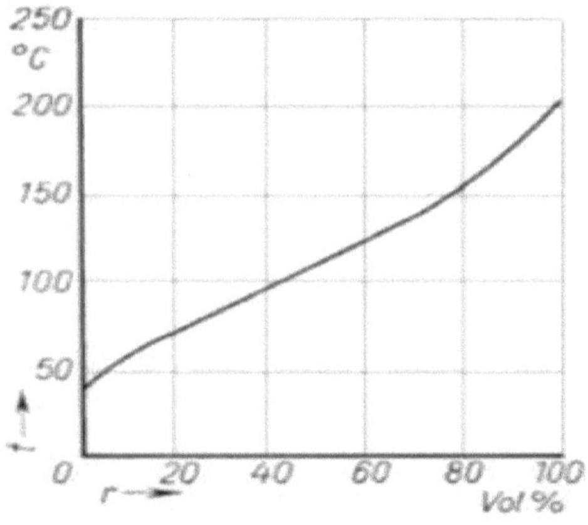

Abbildung 4: Siedekurve des Ottomotors[11]

[10] Vgl. Posselt,2014, S.63f.
[11] Vgl. ebd. S.64f.

[11] Posselt, 2014 S.65

2.3.1 Stärken des Dieselmotors

Im Folgenden werden die zentralen Vorteile des Dieselmotors erläutert. Der geringe Kraftstoffverbrauch im Vergleich zum Benziner wurde bereits erwähnt. Durch Innovation der Direkteinspritzung konnte der Kraftstoffverbrauch nochmals deutlich reduziert werden. Das große Drehmoment im unteren Drehzahlbereich hat vor allem den Vorteil, dass zum schnellen Beschleunigen nicht notwendigerweise einen Gang zurückgeschaltet werden muss. Die Entwicklung des Turboladers dient dazu, dass gewissen Verzögerungen am Beginn der Beschleunigung mit mehr Kraft entgegengewirkt werden kann. Durch moderne Automatikgetriebe (DSG – Direktschaltgetriebe) wird der Motor in einem konstanten Drehzahlbereich gehalten. Diese Tatsache stellte bislang einen großen Nachteil im Vergleich zum Benzinmotor dar. Beim Dieselmotor wird aufgrund des schmalen Drehzahlbandes lediglich ein Gangwechsel benötigt um vom unteren in den oberen Drehzahlbereich zu wechseln. Der Benzinmotor hingegen benötigt hierfür gewöhnlich zwei Schaltvorgänge. Das größere Drehzahlband des Benzinmotors ist somit ein großer Nachteil im Vergleich zum Dieselmotor. [12]

2.3.2 Stärken des Ottomotors

An dieser Stelle erfolgt die Darlegung der wesentlichen Vorteile des Ottomotors. Dazu zählen unteranderem ein geringes Leistungsgewicht (kg/kW), schnelleres Ansprechverhalten sowie der größere nutzbare Drehzahlbereich. Darüber hinaus sind die Anschaffungskosten von Ottomotoren, aufgrund von niedrigen Produktionskosten geringer. Was zur Folge hat, dass sich die kostspieligere Anschaffung eines
Dieselmotors in der Regel nur bei Vielfahren rentiert. Beim Dieselmotor fallen darüber hinaus noch weitere Kosten für den Turbolader und der Schalldämmung des Motorraums an.[13]

2.3.3 Fazit des Vergleichs von Otto- und Dieselmotoren

Die Gegenüberstellung der beiden Verbrennungsmotoren verdeutlicht, dass beide Motoren über individuelle Vor und Nachteile verfügen. Je nach Nutzungskontext des Fahrzeuges sind die unterschiedlichen Faktoren als Vor- beziehungsweise Nachteil einzustufen. So ist Beispielsweise bei der Notwendigkeit eines hohen Wirkungsgrads und damit verbunden geringem Verbrauch die Anschaffung eines Dieselmotors sinnvoll.

[12] Vgl. Grieshaber, 2012, S.28f.
[13] Vgl. Lejsek, 2014, S.14ff.

3 Dieselkraftstoff

In dem folgenden Kapitel wird auf den Kraftstoff des Dieselmotors eingegangen. Hierbei erfolgt eine detaillierte Betrachtung der chemischen und qualitativen Merkmale. Im zweiten Abschnitt wird ein möglicher Hilfsstoff des Dieselkraftstoffes zur Reduzierung vom Emissionen vorgestellt. Abschließend wird auf den Biodiesel als ökologische Alternative zum herkömmlichen Kraftstoff eingegangen.

Dieselöl ist der Kraftstoff für Dieselmotoren. Dieser schwerentflammbare Kohlenwasserstoff wird mittels Destillation aus Erdöl gewonnen. Die untere Darstellung skizziert die Siedekurve des Dieselkraftstoffes, die bei einem Umgebungsdruck von 1 bar zwischen 200°C und 360°C liegt. Die Cetanzahl (CZ) dient der Klassifizierung des Dieselöls. Die Cetanzahl dient der Beschreibung der Zündwilligkeit. Ein geeichter Prüfmotor ermöglicht die genaue Ermittlung der Zündwilligkeit. Mittels des Motors wird ein Vergleich zwischen der Zusammensetzung einer bestimmten Menge aus Cetan und –Methylnaphthalin angewendet. Zentrales Merkmal des Cetans ist dessen hohe Zündwilligkeit. Methylnaphthalin ist der zündträge Mischungsanteil. Dementsprechend wird mit zunehmender Cetanzahl auch die Zündwilligkeit des Dieselkraftstoffes gesteigert. Laut DIN 51601 beträgt das Minimum der Cetanzahl CZ45.[14]

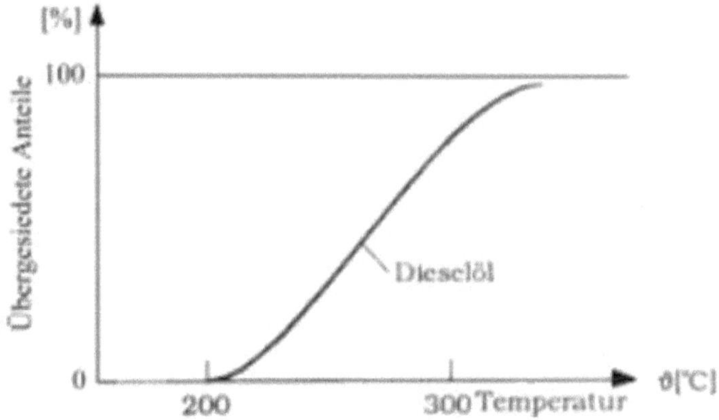

Abbildung 5: Siedekurve des Dieselmotors[15]

3.1 Qualität und Kenngrößen von Dieselkraftstoff

Dieser Abschnitt setzt sich mit den prägnanten Merkmalen bezüglich der Qualität und Kenngröße von Dieselkraftstoff auseinander. Zunächst wird der Aspekt der Kenngröße thematisiert. Darauf folgt eine Betrachtung von zentralen Merkmalen der

[14] Vgl. Basshuysen, 2004, S.258 ff.

[15] Basshuysen, 2004 S.259.

Qualität des Kraftstoffes. Die Kenngröße EN 590 gilt als Anforderungsnorm für europäischen
Dieselkraftstoff. Die Anforderung für die Norm wird in der Tabelle 1 näher betrachtet. Die Festlegung von spezifischen Grenzwerten dient der Sicherstellung eines reibungslosen
Fahrbetriebs, sowie der Limitierung von Schadstoffen. Es existieren je nach Staat und
Region unterschiedliche Kraftstoffnormen. Die US– Norm für Dieselkraftstoffe ASTM D975 (Diesel Fuel Specification Test) sieht beispielsweise deutlich weniger Qualitätskriterien vor.

Ein qualitativ hochwertiger Dieselkraftstoff ist durch folgende Merkmale gekennzeichnet. Eine hohe Cetanzahl, relativ niedrige Siedepunkte sowie Dichte und Viskosität mit geringer Streuung. Weitere Qualitätsmerkmale sind darüber hinaus niedriger Aromaten, Schwefel- und Polyaromatengehalt. Um die Funktion der Einspritzsysteme gewährleisten zu können sollte der Kraftstoff des Weiteren über eine gute Schmierfähigkeit verfügen, kein freies Wasser enthalten und eine bestimmte Begrenzung der Verschmutzung von Partikeln einhalten. Die zugemischten thermischen und katalytischen Crack-Komponenten werden durch das Aufspalten von großen Molekülen gewonnen.[16]

Tabelle 1: Anforderung der DIN EN 590 an Dieselkraftstoff

Eigenschaft	Einheit	Anforderung
Dichte bei 15 °C	kg/m³	min. 820; max. 845
Cetanzahl (CFR-Motor)		min. 51,0
Cetanindex CI		min. 46,0
Schwefelgehalt	mg/kg	max. 350
Flammpunkt	°C	über 55
Oxidationsstabilität	g/m³	max. 25
Cold Filter Plugging Point (CFPP)		
Sommer (15.04.-30.09.)	°C	≤ 0
Übergang (01.03.-14.04.; 01.10.-15.11.)	°C	≤ -10
Winter (16.11.-28.02.)	°C	≤ -20
Viskosität bei 40 °C	mm²/s	min. 2,00; max. 4,50
Koksrückstand vom 10 % Destillationsrückstand	% (m/m)	max. 0,30
Korrosionswirkung auf Kupfer (3h bei 50 °C)	Korrosionsgrad	1
Schmierfähigkeit (wsd 1,4) bei 60 °C	µm	max. 460
Aschegehalt	% (m/m)	max. 0,01
Wassergehalt	mg/kg	max. 200
Polycyklische aromatische Kohlenwasserstoffe	% (m/m)	max. 11
Gesamtverschmutzung	mg/kg	max. 24
Destillation, aufgefangene Volumenanteile		
bei 250 °C	% (V/V)	unter 65
bei 350 °C	% (V/V)	min. 85
95 Vol-% Punkt	°C	max. 360

* Der Entwurf dieser Norm ist am 1.1.2000 in Kraft getreten.

Tabelle 1: Anforderung der DIN EN 590 an Dieselkraftstoff[17]

[16] Vgl. Ullmann, 2012, S.46.
[17] Marol- Energie, 1999

3.2 Additive zur Reduzierung von Emissionswerten

Eine Variante für die Reduzierung von Emissionswerten, sind sogenannte Zündverbesserer (Cetan improve). Es handelt sich hierbei um Salpetersäureester von Alkoholen, die den Zündverzug verkürzen sollen. Aufgrund dieser Verkürzung können Emissionen reduziert und die Geräuschentwicklung (Verbrennungsgeräusch) vermindert werden. [18] Die vorliegende Abbildung zeigt die strukturellen Bindungen der Zündverbesser Cetan und α- Methyl- Naphtalin.

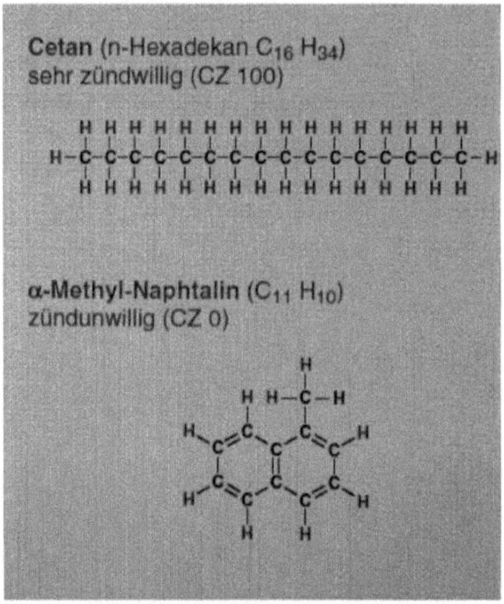

C Kohlenstoff

H Wasserstoff

— chemische Bindung

Abbildung 6: Vergleichskraftstoffe zur Cetanzahlmessung[19]

3.3 Biodiesel

Es existieren zwei Arten von Dieselkraftstoff zum einen der aus Erdöl gewonnene Dieselkraftstoff und zum anderen der aus nachwachsenden Rohstoffen erzeugte Biodiesel. Der Einsatz von Biodiesel ist insbesondere Aufgrund des geringen Schadstoffgehaltes erstrebenswert. Die Umstellung auf Biodiesel erscheint unter Berücksichtigung der Realität jedoch utopisch. Derzeit wird auf Pflanzenöle wie beispielsweise Rapsöl oder Sonnenblumenöl zurückgegriffen. Die Darstellung veranschaulicht den gesamten Herstellungsprozess von der Ernte des Raps bis hin zur Gewinnung des Rapsölmethylesters.[20]

[18] Vgl. Ullmann, 2012, S.51.

[19] Ullmann, 2012, S.51.

[20] Vgl. ebd. S.51.

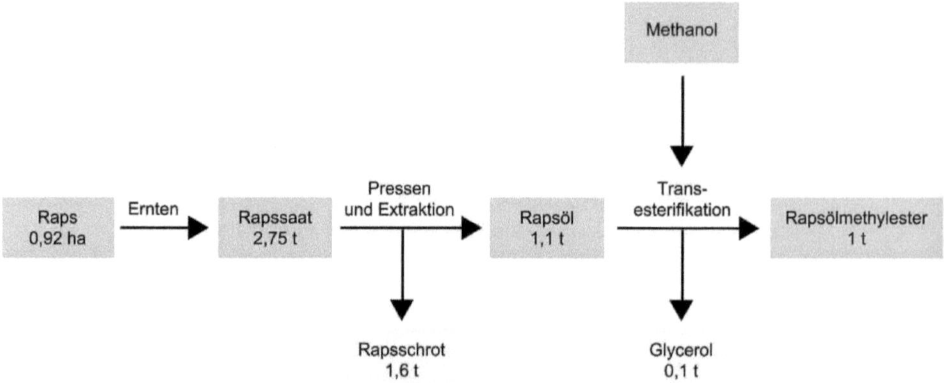

Abbildung 7: RME- Erzeugung (Rapsölmethylester, Biodiesel aus Rapsöl)[21]

[21] Ullmann, 2012, S. 52.

4 Abgasgesetzgebung und Emissionsgesetze

„Der beste Verkehr findet nicht statt."

Das oben angeführte Zitat gilt als eines der Grundprinzipien einer modernen, nachhaltigen und ökologischen Verkehrsplanung. In wie fern diese Aussage im Zusammenhang mit der Minderung von CO_2 Emission bei Dieselfahrzeugen stehen kann, soll im folgenden Kapitel insbesondere unter der Berücksichtig der Abgasgesetzgebung erläutert werden. Darüber hinaus geht es um eine kritische Reflektion von umweltpolitischen Maßnahmen im Zusammenhang der Schadstoffbelastung durch Straßenverkehr.

Durch die Schadstoffausstöße im Straßenverkehr werden unterschiedliche Treibstoffe wie Beispielsweise Diesel und Benzin verbrannt. Hierbei wird unter anderem Kohlendioxid ausgestoßen. Der erhöhte Ausstoß von Kohlenstoffdioxid hat eine
Verstärkung des natürlichen Treibhauseffekts zur Folge. Trotz moderner Treibstoffe und komplexer Katalysatorsysteme ist die Luftverschmutzung durch Pkws und Lkws enorm schädigend für die Umwelt. Ein Bewusstsein, durch immer neue Innovationen den negativen Effekten der Emission von Kraftfahrtzeugen entgegenzuwirken, existiert bereits seit mehreren Jahrzenten. Beispielsweise durch die Einführung von unverbleitem
Benzin seit den 1985ger Jahren. Durch die Abgase der Fahrzeuge gelangte Blei in die
Umwelt und setzte sich in den Böden ab beziehungsweise geriet durch den Wasserkreislauf in Meere und Flüsse. Dies führte 2000 zum Verbot von bleihaltigem Benzin in Europa. Seitdem kann ein Rückgang der Bleibelastung der Luft verzeichnet werden. Dank moderner Katalysatortechnologie können Motoren bei optimaler Betriebstemperatur (warmgelaufenem Motor) die Schadstoffe in Abgasen stark reduzieren aber das Nebenprodukt CO_2 bleibt. [22] CO_2 ist zwar nicht giftig aber Umweltschädigend.

Bei Emission wird grundsätzlich zwischen natürlicher Emission, aus der Vegetation der Meere oder dem Fäulnisprozess aus Biomasse und der anthropogenen Emission differenziert. Letzteres beschreibt die vom Mensch verursachten Schadstoffausstöße beispielsweise verursacht durch Industrie oder Verkehr. Durch den Einfluss von Temperaturbedingungen, Topographie und Luftströmungen werden die Abgaskomponenten verdünnt. Hierdurch kommt es zu unterschiedlichen physikalischen Reaktionen. Diese werden aufgrund des sogenannten atomsphärischen Transports über die gesamte Umwelt verteilt. Durch diese Transmission von Immission kommt es zu negativen Auswirkungen auf Mensch, Tier und Natur. [23]

[22] Vgl. Eidems, 2009, S.1 f.

[23] Vgl. Tschöke, 2007, S.461.

Pionier auf dem Gebiet der Abgasgesetzgebung war der US-Amerikanische Bundesstaat Kalifornien. Angeregt durch die kritische Umweltbelastung in Los Angeles. Dort kann aufgrund der geografischen Lage schädliche Emission nur sehr schlecht in die Atmosphäre verteilt werden. Auf diese Weise entsteht Smog, der bedenklichen Folgen für die Gesundheit der Bevölkerung sowie Sichtbehinderungen im Flugverkehr mit sich bringt. Gegenwärtig verfügen alle Industriestaaten über Gesetzte zur Regelung von Abgasen. [24]

Im nächsten Abschnitt erfolgt eine Darstellung der geläufigen Prüfverfahren zur Abgaszertifizierung Es existieren drei gesetzlich festgelegte Prüfungen. Die erste Prüfung ist die sogenannte Typprüfung. Diese dient der Erlangung einer allgemeinen Betriebserlaubnis der Fahrzeuge und Motortypen. Hierbei werden länderspezifische Prüfzyklen unter verschiedenen Kontextbedingungen gefahren, bei denen Emissionsgrenzwerte eingehalten werden müssen. Darauf folgt die Serienprüfung. Diese beinhaltet eine stichprobenartige Kontrolle der bereits angelaufenen Fertigung durch die verantwortliche Abnahmebehörde. Gewöhnlich wird die Serienprüfung als Teil der Qualitätssicherung vom Automobilhersteller eigenständig durchgeführt Die Feldüberwachung ist ebenfalls eine stichprobenartige Überprüfung und bezieht sich auf spezifischer Abgaskomponenten im Fahrbetrieb. [25]

Die Einführung einer einheitlichen Abgasgesetzgebung im Jahr 1983 zwang europäische Automobilhersteller zur Entwicklung von Innovationen welche die Emissionswerte von Dieselmotoren reduzieren die Forschung fokussierte sich besonders auf die Verbesserung der Hochdruckeinspritzsysteme. Mit der Entwicklung der Pumpe-Düse-Einheiten konnte eine präzise Regulierung der Einspritzmenge aufgrund der hydraulischen Anbindung der Pumpe an die Einspritzdrüse erzielt werden. Gleichermaßen revolutionär ist die Etablierung des bereits thematisierten Common-RailSystems. Dieses System ermöglicht neben der bisherigen Haupteinspritzung auch mehrere Nachspritzer, was unterstützend auf die Abgas-Nachbehandlung einwirkt. Durch diese Innovationen konnte breites ca. 96% der Abgasemission von Dieselfahrzeugen reduziert werden. Die Reduzierung der Partikelemission durch die Dieselpartikelfilter (DPF) und Reduzierung von NOX Rohemission bereits während des Verbrennungsvorgangs, durch das sogenannte SCR-Verfahren durch Einsatz von flüssigem beziehungsweise Harnstoff sind weitere Meilensteine auf dem Weg zu einem schadstoffarmen Ausstoß von Dieselmotoren. Ein zentraler Vorteil des SCR-Verfahrens ist, das hierdurch keine Beeinträchtigung des Motorbetriebs oder Erhöhung des Kraftstoffverbrauchs entsteht. [26]

[24] Vgl. Becher, 2012, S. 496.

[25] Vgl. ebd., S. 497.

[26] Vgl. Landsmann, 2010, S. 68f.

4.1 Umweltpolitische Maßnahmen: Umweltzonen & Umweltplaketten

Das folgende Kapital thematisiert verschiedene umweltpolitische Maßnahmen welche der Verschmutzung durch CO_2 Emissionen in der Bundesrepublik entgegenwirken sollen.

Die Einführung von sogenannten Umweltzonen ist eine solche Maßnahme und verfolgt die Reduzierung der verkehrsbedingten Luftbelastung in Städten. Die Einteilung in Zonen orientiert sich dabei an einheitlichen Luftqualitätsgrenzwerten. Hierbei wird dir städtische Agglomeration in Gebiete unterteilt in denen je nach Einstufung das Befahren mit stark emittierten Fahrzeugen nicht erlaubt ist. Das Gebiet der Umweltzone darf demnach nur von Fahrzeugen mit bestimmten Abgasstandards befahren werden. Der Abgasstandard des Fahrzeugs wird mittels einer Plakette an der Windschutzscheibe ersichtlich. Diese Plakette ist deutschlandweit gültig, jedoch existieren regionale Abstufungen hinsichtlich der Notwendigkeit einer Plakette zum Befahren von
Umweltzonen. Zentrales Ziel der Zonen ist die Reduzierung von Partikel- und No_xEmissionen. Im Sommer 2016 existierten in Deutschland 54 Umweltzonen. Davon dürfen 53 nur von Fahrzeugen die über eine grüne Umweltplakette verfügen befahren werden. Die Einteilung der Umweltzonen erfolgt nach vier Schadstoffgruppen, denen die Fahrzeuge hinsichtlich ihrer Feinstaubemission zugeordnet werden. Prinzipiell gilt: Je geringer die Feinstaubemission, desto höher die Schadstoffgruppe. Die Feinstaubplaketten sind je nach Schadstoffausstoß des Fahrzeugs rot, gelb oder grün gekennzeichnet. Die meisten Umweltzonen dürfen nur Fahrzeuge genutzt werden die über eine grüne beziehungsweise gelbe Plakette verfügen. Die gesetzliche Regelung der Fahrzeugkennzeichnung wird über das die Kennzeichnungsverordnung zum Bundes-Immission Schutzgesetz geregelt. Das Befahren einer Umweltzone ohne gültige Feinstaubplakette eine Umweltzone ist eine Ordnungswidrigkeit und wird mit einem Bußgeld in Höhe von 80 Euro geahndet.

Übersicht der Plakettenarten und deren Anforderungen

Schadstoffgruppe	1	2	3	4
Plakette	keine Plakette	2 *	3 *	4 *
Anforderungen für **Diesel**	Euro 1 oder schlechter	Euro 2 oder Euro 1 + Partikelfilter	Euro 3 oder Euro 2 + Partikelfilter	Euro 4 oder Euro 3 + Partikelfilter
Anforderungen für **Benziner**	ohne geregelten Kat nach Anl. XXIII StVZO			mit geregeltem Kat nach Anl. XXIII StVZO bzw. Euro 1 oder besser

* Platzhalter für KFZ-Kennzeichen

Abbildung 8: Plakettenarten und deren jeweiligen Anforderungen[27]

[27] Umweltbundesamt, 2015

Die Einteilung zur einer Schadstoffgruppe erfolgt durch die Tabelle des TÜV SÜD und ist abhängig vom jeweiligen Emissionsschlüssel Das Schaubild in Abbildung 11 erläutert den Zusammenhang der jeweiligen Plakette, deren Anforderung sowie die Zuordnung zur Schadstoffgruppe. Fahrzeuge der Schadstoffgruppe 1 erhalten keine Plakette, da dieser Fahrzeuge ohne geregeltem Katalysator zugeteilt werden. Die zweite Schadstoffgruppe erhält die rote Feinstaubplakette. Dieselfahrzeuge dieser Schadstoffgruppe müssen der Abgasnorm Euro 1 oder Euro 2 mit Partikelfilter entsprechen. Die gelbe Plakette erhalten Fahrzeuge der dritten Schadstoffgruppe und müssen die Bedingungen von Euro 3 oder Euro 2 mit Partikelfilter erfüllen. Die vierte Schadstoffgruppe wird durch die grüne Feinstaubplakette gekennzeichnet und stellt an Dieselfahrzeuge die Norm von Euro 4 oder Euro 3 mit Partikelfilter.[28]

4.2 Fallbeispiel: VW Abgasskandal

Das folgende Kapitel thematisiert den Skandal und die Folgen der Abgasmanipulation des Automobilkonzerns Volkswagen im Jahr 2015. Im Hinblick auf die Fragestellung der Projektarbeit über die Faktoren zur Reduzierung der CO_2 Emission bei Dieselfahrzeugen verdeutlicht die Auseinandersetzung mit den Motiven und Folgen die Notwendigkeit der Auseinandersetzung mit diesem Thema und soll am Ende des Kapitels einen kleinen Ausblick im Hinblick des gegenwärtigen Forschungsstandes geben.

Der Abgasskandal von VW bezieht sich auf die Manipulation von behördlichen Abgasmessungen. Laut Angaben des Automobilkonzerns wurde der Dieselmotor Der Automobilhersteller hat die Messungen von Stickoxid und CO_2 Ausstöße bewusst so manipuliert, dass sie nur in der tatsächlichen Prüfungssituation den gesetzlichen Rahmen einhielten. Im realen Straßenverkehr waren die Emissionswerte jedoch erheblich höher als vom gesetzlichen Rahmen erlaubt. VW programmierte den Steuerungscomputer um. Im Falle einer Abgasprüfung wurden die Kraftstoffeinspritzung und der Verbrennungsprozess dahingehend verändert, dass der Motor weniger
Schadstoffe produziert. Durch die Manipulation gelang es außerdem, dass der Katalysator schädliche Stickoxide mit einem idealen Wirkungsgrad umwandeln konnte. Jahrelang hat der Konzern die staatlichen Abgasmessungen auf diese Weise betrogen.
Im September 2015 wurden die Manipulationen jedoch von der US-Umweltschutzbehörde EPA (Environmental Protection Agency) aufgedeckt und führten zu einem medialen Skandal. Die Folge waren enorme wirtschaftlichen Schäden, sowie ein erheblicher Vertrauensverlust beim Endverbraucher. Der VW-Aktienkurs brach ein. Nach dem Bekanntwerden der Manipulationen reagierte der

[28] Vgl. Umweltbundesamt, 2015.

Konzern mit einem Rückruf von rund 2,4 Millionen Fahrzeugen. Weltweit waren hiervon elf Millionen Fahrzeuge betroffen, die meisten davon in Europa.[29]

Seit Januar 2016 werden die betroffenen Modelle in die Werkstätten zurückgerufen, wo die Fahrzeuge einem Systemupdate unterzogen werden. VW versichert dem Verbraucher das hierbei weder die Eigenschaften der Autos noch am Spritverbrauch etwas verändert werde.[30] Zusammenfassend kann festgehalten werden, dass sich durch den Abgasskandal führender Automobilhersteller wie etwa Volkswagen oder Audi gezeigt hat, dass die Problematik des Schadstoffausstoßes von Dieselmotoren nach wie vor eine aktuelle Herausforderung der Forschung darstellt. Trotz moderner Katalysatorsysteme können die Emissionswerte von Dieselfahrzeugen nicht so weit runter geschraubt werden, dass die dadurch entstehenden Produktionskosten eine hohe Gewinnmarge für die Unternehmen abwerfen. Der Aspekt der Wirtschaftlichkeit betrifft in diesem Zusammenhang, sowohl die Ökonomie also auch die Ökologie. Durch die vom Umweltbundesamt vorgeschriebenen Emissionswerte, welche die Reduzierung des CO_2 Ausstoß fördern sind die Automobilhersteller gezwungen Neufahrzeuge auf den technisch umweltfreundlichsten Stand zu bringen. Welche Vorteile dies in Bezug auf die Schadstoff Reduzierung hat wird in Abbildung 9 dargestellt. Die technischen Entwicklungen im Zuge der Emissionsverminderung der letzten 22 Jahre zeigt, dass das Thema der Schadstoff Reduzierung stetig an Popularität gewonnen hat.

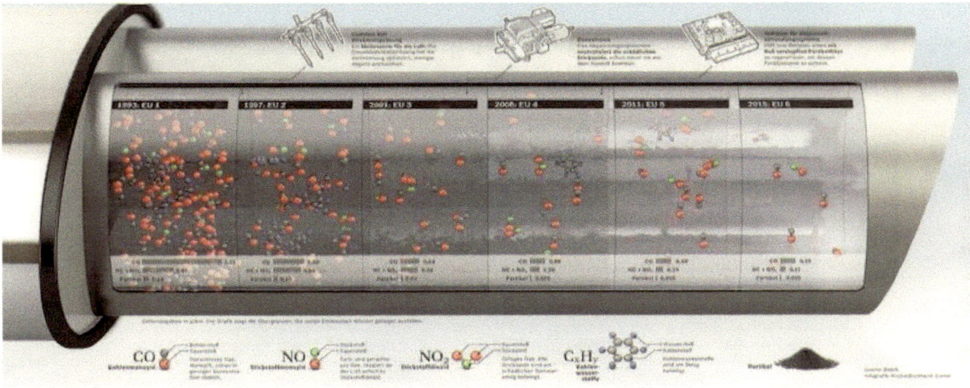

Abbildung 9: Euro-Abgasnormen-Überblick[31]

[29] Vgl. Verbraucherzentrale, 2016.

[30] Vgl. Zeit, 2016.

[31] Robert Bosch GmbH

5 Schadstoffe von Dieselmotoren

Die bekanntesten Schadstoffe sind Kohlenmonoxid, Kohlenwasserstoffe sowie Stickoxide. Im 6. Kapitel sollen die verschiedenen Faktoren zur Reduzierung von Emissionen behandelt werden. Als Grundlage dieser Evaluation der Maßnahmen zur Schadstoffreduzierung, werden in diesem Kapitel die aus der Verbrennung des Luftkraftstoff-Gemischs des Dieselmotors entstehenden Nebenbestandteile thematisiert. Bedingt durch die Verbrennungsvorgänge mit Luftüberschuss sind Dieselmotoren grundsätzlich ärmer an Rohemissionen wie CO und HC als Ottomotoren.

5.1 CO_2 Emission/ Kohlendioxid

Kohlenmonoxid ist ein geruch- und farbloses Gas, welches beim Menschen schwerwiegende gesundheitliche Schäden hervorrufen kann. Es verringert die Sauerstoffaufnahme des Blutes und kann daher schwere Vergiftungen Körper auslösen.
Kohlenmonoxid resultiert aus der unvollständigen Verbrennung des LuftKraftstoffgemischs. Dies kann sowohl bei Luftmangel, als auch Luftüberschuss entstehen. Letzteres ist jedoch wesentlich seltener der Fall, da es hierbei zunächst zu einem inhomogenen Luft-Kraftstoff-Gemisch kommen müsste. Aufgrund von nicht vollständig verdampften Kraftstoffresten können sich sogenannte fette Bereiche entwickeln, die nicht vollständig verbrennen können. [33]

5.2 No_x Emission/ Stickoxide

Unter dem Begriff Stickoxide werden verschiedene gasförmige Verbindungen aus Atomen Stickstoff (N) und Sauerstoff (O) verstanden. Das Stickstoffmonoxid (NO) und Stickstoffdioxid (NO_2) sind die beiden bekanntesten dieser reaktiven Stickstoffverbindungen. Die Stickstoffoxide sind unerwünschtes Nebenprodukt von Verbrennungsprozessen. Stickstoffoxid (NO) ist geruchs- und farblos. In Verbindung mit Luft wandelt sich NO zu Stickstoffdioxid (NO_2). Dieses ist ein rotbraunes, stark riechendes und giftiges Gas. Die Stickoxide haben verschiedene negative Auswirkungen auf die Umwelt. In städtischen Ballungsräumen zählt der Straßenverkehr zum Hauptverursacher von NO_x. Darüber hinaus werden Stickoxiden diverse Risiken für die Gesundheit zugeschrieben. Die Stickstoffdioxid-Konzentrationen sind insbesondere für Asthmapatienten eine Herausforderung. In Folge der Belastung durch NO_x kann es bei Asthmatikern zu Bronchienverengungen kommen. Bei einer hohen Konzentration von NO_2 kann es zu Schleimhautreizungen kommen. In Verbindung mit Kohlenwasserstoffen sind diese unteranderem für die Bildung des Ozons und Smogs verantwortlich. Darüber hinaus erhöhen die Stickstoffoxide die Feinstaubbelastung in der Luft. Mögliche negative Auswirkungen auf Ökosysteme sind unteranderem Blattschädigungen oder Kümmerwuchs von

[32] Vgl. Schernewski, 2012, S. 494.

[33] Vgl. Umweltbundesamt, 2015.

Pflanzen. Des Weiteren kann es durch Stickstoffoxide zur Versauerung und Überdünung von Böden sowie Gewässern kommen. Als Effekt dieser Versauerung entsteht der sogenannte saure Regen, welcher zu enormen Waldschäden führen kann. [34]

5.3 Partikel

Die sogenannten Feststoffe beziehungsweise Partikel entstehen bei unvollständiger Verbrennung. Je nach Motorbetriebszustand und Verbrennungsverfahren bestehen diese aus der Aneinanderkettung von Kohlenstoffteilchen. Dieser Dieselruß entsteht durch die Verbrennung von Dieselkraftstoff in Dieselmotoren. In Verbindung mit anderen Partikeln bilden es Feinstaub. Auf der Ruß Oberfläche kommt es zur Anlagerung von unverbrannten beziehungsweise teilverbrannten Kohlenwasserstoffe sowie von Aldehyde, die durch ihren penetranten Geruch zu charakterisieren sind. Des Weiteren binden sich am Ruß Kraftstoff- und Schmierölaerosole (in Gasen feinstverteilte flüssige beziehungsweise feste Stoffe) sowie Sulfate. Die Sulfate sind auf den im Kraftstoff enthaltenen Schwefel zurück zu führen.[30]

Nachdem an dieser Stelle auf die vom Dieselmotor ausgestoßenen Schadstoffe eingegangen wurde, erfolgt im nächsten Kapitel eine Betrachtung der möglichen Faktoren zur Reduzierung dieser Emissionen.

[34] Vgl. Schernewski, 2012, S. 495.

6 Faktoren zur Reduzierung von Emissionswerten bei Dieselfahrzeugen

Das folgende Kapitel thematisiert die Faktoren der Emissionsminderung von Dieselfahrzeugen. Hierbei wird systematisch auf die einzelnen Maßnahmen und Arbeitsvorgänge der Abgasnachbehandlung eingegangen. Zunächst wird ein grober chronologischer Überblick zum gegenwärtigen technischen Stand der Abgasnachbehandlung gegeben. Der NOX- Speicherkatalysator wird als erster Schritt der Emissionsminderung betrachtet. An zweiter Stelle wird auf die selektive katalytische Reduktion von Stickoxiden eingegangen. Die Auseinandersetzung mit der Arbeitsweise des Dieselpartikelfilters sowie des Diesel- Oxidationskatalysator dient ebenfalls der Evaluation der Faktoren zur Reduzierung vom Emissionen. Abschließend erfolgt die Betrachtung des Abgasrückführsystems.

Bislang dienten vor allem innermotorische Maßnahmen zur Emissionsminderung bei Dieselfahrzeugen. Die Mehrheit der Diesel-Fahrzeugen überschreitet durch die vom Motor freigesetzten Emissionen (Rohemissionen) die gesetzlichen Emissionsgrenzwerte. Die erforderten Minderungsraten können lediglich durch eine effiziente Kombination von innermotorischen und nachmotorischen Maßnahmen erzielt werden. Ebenso wie bei Benzinfahrzeugen, wird auch für Dieselfahrzeuge ein System zur effizienten Abgasnachbehandlung (nachmotorische Emissionsminderung) entwickelt. Seit den 1980er Jahren existiert für Benzinfahrzeugen der Dreiwegkatalysator. Dieser Katalysator reduziert Stickoxide (NOx) mit Kohlenwasserstoffen (HC) und Kohlenmonoxid (CO) zu Stickstoff. Bei der Dieselmotorentechnologie, welche mit Luftüberschuss arbeitet, kann der Dreiwegkatalysator jedoch nicht zur Reduzierung von NOx- Reduktion verwendet werden. Die Reduzierung der CO- und HO- Emissionen aus dem Dieselabgas kann im Gegensatz zur Entfernung der Stickoxide mittels Oxidationskatalysator, deutlich einfacherer erfolgen. Im Allgemeinen kann die Erstickung mit einem NOx-Speicherkatalysator oder einem SCR- Katalysator (Selective Catalytic Reduction) umgesetzt werden. Aufgrund der inneren Gemischbildung des Dieselmotors kommt es zu einer höheren Rußemission als beim Ottomotor. Demnach werden bei PKW durch den Partikelfilter Schadstoffe nachmotorisch aus dem Abgas entfernt. Die innermotorischen Maßnahmen verfolgen vor allem die NOx- und Geräuschminderung. Beim NKW werden die NOx- Emissionen für gewöhnlich nachmotorisch mittels SCR- System reduziert. In der vorliegenden Arbeit wird auf die Faktoren zur Emissionsminderung eingegangen.[35]

[35] Vgl. Schmidt, 2013, S. 38.

6.1 NOX- Speicherkatalysator

Der NOx-Speicherkatalysator (NSC:NOx Storage Catalyst) lagert die Stickoxide kontinuierlich auf einer Speicheroberfläche an. Diese Speicheroberfläche besteht zum größten Teil aus einer Bariumverbindung.

Die Verfahrensweise des NOx- Speicherkatalysators zum Abbau der Stickoxide lässt sich in zwei Arbeitsschritte unterteilen. Der erste Arbeitsschritt ist die Beladungsphase und dauert betriebspunktabhängig zwischen 30 und 300 Sekunden. Hierbei befinden sich NOx – Einspeicherung in den Speicherkomponenten des Katalysators im mageren Abgas. Der zweite Schritt ist die Regeneration. An dieser Stelle sind periodische NOx – Ausspeicherung und Konvertierung im fetten Abgas vorhanden. Die benötigte Zeitspanne für die Regeneration des Speichers beträgt um die 2 bis 10 Sekunden.

6.1.1 Die NOx- Speicherung

Da der Dieselmotor unter mageren Bedingungen arbeitet, ist die selektive Reduktion von Stickoxiden zu Stickstoff bei einem Sauerstoffüberschuss eine spezielle technische Herausforderung. Dementsprechend ist der NOx-Speicherkatalysator als eine innovative Lösung dieser Problematik zu sehen. Damit Dieselmotoren die Euro 6-Abgashürde schaffen, rüsten die Hersteller die Selbstzünder zur Abgasnachbehandlung mit NOxSpeicherkatalysatoren. Eine solche Darstellung veranschaulicht Abbildung 10.

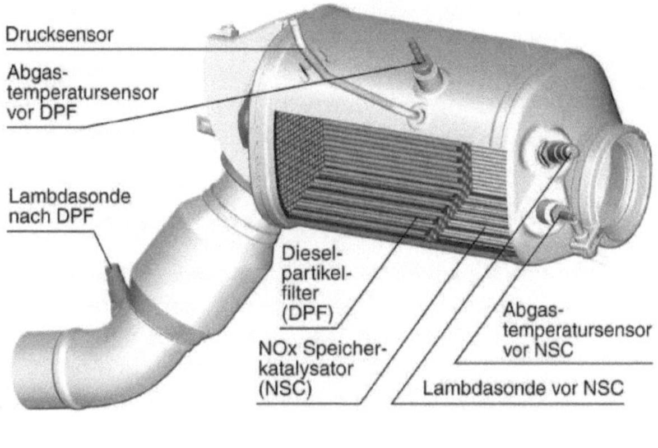

Abbildung 10: NOx- Speicherkatalysator[36]

Als Speicherkomponente für den Katalysator eignet sich insbesondere das Edelmetall
Bariumcarbonat ($BaCO_3$). Die basischen Erdalkali- und Alkalimetall-Oxide können Nitrate bilden, welche bis zu einer Temperatur von 600°C stabil sind.

[36] Baumann, Auto Motor und Sport, 2012

Für die Schwefelregeneration des Bariums reichen bereits relativ milde Bedingungen aus.

Die folgende Reaktionsgleichung fasst den Einspeicherungsprozess unter oxidierenden Bedingungen vereinfacht zusammen:

2NO + O2 2NO2

⟷

2NO2 + 0; 5O2 + BaCO3 ⟷ Ba(NO3)2 + CO2

Die Regeneration des NOx- Speicher erfolgt durch diverse Reduktionsmittel. Diese sind in Autoabgasen unter fetten Bedingungen ausreichend vorhanden. Der Regenerationsprozess wird folgendermaßen beschrieben:

$Ba(NO_3)_2$ + 3CO ⟷ $BaCO_3$ + 2NO + $2CO_2$

$Ba(NO_3)_2$ + $3H_2$ ⟷ $BaCO_3$ + 2NO + 3H2O

Ba(NO3)2 + ⟷ 1/3C3H6 $BaCO_3$ + 2NO + H2O

Die einzelnen Mechanismen der Dieselabgasnachbehandlung weisen eine hohe Komplexität auf und stellen bis dato eine enorme Herausforderung für die Wissenschaft dar. Der gegenwärtige wissenschaftliche Diskurs spricht sowohl der NOx-Oxidation als auch der Zersetzung von gespeicherten Nitraten eine wichtige Funktion beim Katalysieren zu. Das Metall Rhodium ist besonders im Zusammenhang der Reduktion zu erwähnen, da es die Dissoziation von NO begünstigt. Auf diese Weise erfolgt die Einspeicherung der Stickoxide in Anwesenheit der Platinpartikeln. Im Gegensatz zur Sauerstoffeinspeicherung in Ceroxid erfolgt die Regeneration des Speichers wesentlich schneller. Die NOx-Einspeicherung benötigt vergleichsweise eine längere Zeitspanne. Am Ende der Einspeicherungsphase muss die Regeneration des Katalysators erfolgen. Hierbei müssen die eingelagerten Stickoxide aus der Speicherkomponente entfernt und in die Komponenten Kohlendioxid (CO2) und Stickstoff (N) umgewandelt werden.[37]

6.2 Selektive katalytische Reduktion von Stickoxiden

Die Selektive katalytische Reduktion ist eine effiziente Methode zur Entfernung von Stickstoffoxide bei tieferen Abgastemperatur. Anders als das zuvor dargestellte NCSVerfahren, zeichnet sich die Arbeitsweise der selektiven katalytischen Reduktion (SCRVerfahren: Selective Catalytic Reduction) durch dessen Kontinuität aus. Die selektive katalytische Reduktion greift darüber hinaus auch nicht in den Motorbetrieb ein. Ein zentraler Vorteil dieser Verfahrensweise ist die Möglichkeit, niedrige NOx- Emissionswerte bei einem gleichzeitig geringen Kraftstoff- Verbrauch zu gewährleisten. Die NOx- Ausspeicherung oder Konvertierung beim NSC-Verfahren bewirkt einen erhöhten Kraftstoffverbrauch. Dass Verfahren der selektiven katalytischen Reduktion konnte bereits für die Abgasentstickung in Großfeuerungsanlagen etabliert werden. Hierbei erzielen spezifische Reduktionsmittel in Gegenwart von Sauerstoff die

[37] Vgl. Breuer, 2012, S. 365f.

Reduzierung von selektiven Stickoxiden (NOx). Unter Selektiv ist in diesem Zusammenhang also zu verstehen, dass die Oxidation des Reduktionsmittels nicht mit dem molekularen Sauerstoff des Abgases stattfindet, sondern bevorzugt (selektiv) mit dem Sauerstoff der Stickoxide erfolgt. Ammoniak (NH_3) ist das Reduktionsmittel mit der höchsten Selektivität. Für den Einsatz von Ammoniak als Reduktionsmittel müssen gewisse NH_3-Mengen gespeichert werden. Aus sicherheitstechnischer Sicht ist dies aufgrund der Toxizität von NH_3 jedoch bedenklich. Alternativ kann NH_3 auch aus ungiftigen Trägersubstanzen wie beispielsweise Ammoniumcarbamat oder Harnstoff erzeugt werden. Insbesondere Harnstoff bietet sich als bewährte Trägersubstanz an. Die Beliebtheit von Harnstoff kann auf verschiedene Eigenschaften, wie dessen Grundwasserverträglichkeit und der chemischen Stabilität bei Umweltbedingung von $(NH_2)_2CO$ zurückgeführt werden. Darüber hinaus wird Harnstoff wegen des hohen Proteinanteils zur Herstellung von Dünge- und Futtermittel verwendet. Harnstoff hat eine sehr gute Löslichkeit in Wasser. Dementsprechend kann es in Form einer einfach zu dosierenden Harnstoff- Wasser- Lösung dem Abgas zugeführt werden.[38] Die Abbildung 11 veranschaulicht den Prozess der Abgasnachbehandlung im modernen Dieselmotor.

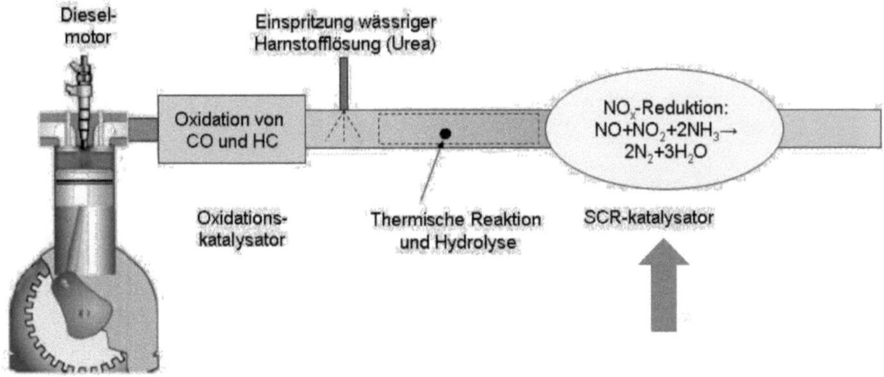

Abbildung 11: SCR- Katalysator[39]

6.3 Dieselpartikelfilter DPF

In diesem Kapitel wird der Dieselpartikelfilter als Möglichkeit der effizienten Entfernung von Rußpartikel aus Abgasen des Dieselmotors thematisiert. Bislang wurden bei Pkws zu diesem Zweck Partikelfilter aus poröser Keramik eingesetzt. Es existieren geschlossene und offene Partikelfilter. Zunächst soll auf den Aufbau und die Funktionsweise des geschlossenen Partikelfilters eingegangen werden. Im Weiteren werden verschiedene Verfahren zur Regeneration des Filters vorgestellt.

[38] Vgl. Breuer, 2012, S. 385ff.

[39] Wirtschaftsgesellschaft des Kfz-Gewerbes mbH, 2014

6.3.1 Der geschlossene Partikelfilter

Der Aufbau von Dieselpartikelfilter ist komplexer als Katalysatortechniken. Insbesondere aufgrund der benötigten Regeneration des Filters. Auf den Prozess der Regeneration wird im Verlauf des Kapitels noch genauer eingegangen. Wie bereits in der Einleitung erwähnt, bestehen die Partikelfilter aus Keramik. Bei einem geschlossenen Aufbau strömt das gesamte Abgas durch die Porenwände des Filters. Die keramischen Filter sind besonders Vorteilhaft in Bezug auf deren Speicherkapazität. Sie verfügen über einen Rückhaltegrad von mehr als 95%. Diese sind Wabenkörper aus Cordierit oder Siliziumkarbid. Die Filter verfügen über quadratische Eingangs- und Ausgangskanäle. Die Kanalwände sind um die 300 bis 400 µm. Diese parallel verlaufenden Kanäle sind an den gegenüberliegenden Seiten mittels Keramikstopfen verdichtet.
Dementsprechend strömt das Abgas durch die porösen Keramikwände hindurch. Hierbei bleiben die Rußpartikel an der inneren Seite der Keramikwände haften. Im Verlauf der Beladung des Filters bildet sich an den Kanaloberflächen eine Rußschicht. Diese bietet eine effektive Oberflächenfilterung für die darauffolgende Betriebsphase. Es sollte jedoch nicht zu einer exzessiven Beladung der Oberfläche kommen. Die Innovation des sogenannten Octosquaresubstrat besteht aus größeren achteckigen Eingangskanälen und jeweils kleineren quadratischen Ausgangskanälen. Mittels der großen Eingangskanäle kann das Speichervermögen des Partikelfilters deutlich erhöht werden. Der Partikelfilter speichert unteranderem Asche, nicht brennbare Rückstände aus Motoröl und Additivasche. An dieser Stelle erfolgt eine Beschreibung des offenen Partikelfilters

6.3.2 Der offene Partikelfilter

Der offenen Partikelfilter wird besonders als Retrofit-Filter verwendet. Im Unterschied zum geschlossenen wird beim offenen Filter nur ein Teil des Abgases gefiltert. Dieser Anteil wird durch eine Filterwand geleitet. Der Rest des Abgases strömt ungefiltert vorbei. Je mehr Partikel im Abgas vorhanden sind, desto mehr Abgas wird nicht gefiltert. Auf diese Weise wird ein Verstopfen des Filters verhindert. Normalerweise verfügt der offene Partikelfilter über einen Abscheidegrad von 30 bis 80 Prozent. Bei hoher Partikelbelastung sinkt dieser Grad jedoch.

6.3.2.1 CRT-System

Der offene Partikelfilter wird durch das CRT-System gereinigt. Dieser Aspekt ist besonders bei Nutzfahrzeugen relevant, da diese gewöhnlich in der Nähe des maximalen Drehmoments genutzt werden. Dementsprechend werden Nutzfahrzeuge bei hohen NO_x–Emissionen betrieben. Hierdurch kann eine kontinuierliche Regeneration des Filters realisiert nach dem CRT-Prinzip werden. Um

den Filter vom gesammelten Ruß zu reinigen, existieren verschiedenen Verfahrensweisen der Regeneration. Dieses Prinzip baut auf der Tatsache auf, dass NO_2 bei einer Temperatur von 300 bis 450°C verbrannt werden kann. Bei einem günstigen Verhältnis der Masse von NO_2 zu Ruß (8:1). Um das Verfahren nutzen zu können, wird ein Oxidationskatalysator verwendet. Dieser oxidiert das NO zu NO_2. Diese Verfahrensweise wird auch passive Regeneration genannt. Der Ruß wird kontinuierlich und ohne ein aktives Eingreifen verbrannt. Die Regeneration der Partikelfilter bezieht sich auf die Reinigung der angesammelten
Partikel. Hierbei kommt es zum Abbrennen des angesammelten Rußes. Die wachsende Ruß Beladung des Filters hat einen Anstieg des Abgasgegendrucks zur Folge. Hierdurch werden das Beschleunigungsverhalten sowie der Wirkungsgrad des Motors erheblich beeinflusst. Die Regeneration muss je nach Rußemission und Kapazität des Filters nach ca. 500 Kilometern durchgeführt werden. Dieser Regenerationsbetrieb dauert abhängig von den Betriebsbedingungen des Motors um die 10 bis 15 Minuten. Aufgrund der Tatsache, dass der im Abgas vorhandene Sauerstoff bei einer Temperatur von über 600°C zu ungiftigem CO_2 verbrannt werden kann. Da solch hohe Temperaturen im gewöhnlichen Fahrbetrieb nur selten vorkommen, muss die Rußabbrand-Temperatur gesenkt beziehungsweise die Abgastemperatur erhöht werden. Durch das Oxidationsmittel NO_2 kann Ruß schon bei 300 bis 450°C verbrannt werden. Die
Additivsystematik des Dieselpartikelfilters dient zur Senkung der RußOxidationstemperatur von ursprünglich 600°C auf 450 bis 500°C. Im normalen Fahrbetrieb kann diese Temperatur auch nicht immer erreicht
werden.
Dementsprechend wird der Ruß auch nicht kontinuierlich oxidiert. Aus diesem Grund kommt es zu einer Einleitung der aktiven Regenration, ab einer bestimmten Rußbeladung im Filter. Die Verbrennungsführung des Motors wird dahingehend verändert, dass es zum Anstieg der Abgastemperatur und Rußabbrandtemperatur kommt. Dem Kraftstoff wird ein Additiv zugeführt. Häufig werden Cer- oder Eisenverbindungen als Additiv verwendet. Diese bleiben im Filter nach dem Prozess der Regeneration als Asche zurück. Diese Rückstände stellen eine Belastung des Filters dar und führen zu erhöhtem Abgasgegendruck. Durch Querschnitte in die Eintrittskanäle kann diesem Druckanstieg entgegengewirkt werden, umso genügen Speicherkapazität für die Ascherückstände zu erhalten. Der Katalytisch beschichtete Filter CDPF ist mit einem Edelmetall beschichtet und dient ebenfalls der verbessertem Abbrandfähigkeit von Rußpartikeln. Die katalytische Beschichtung von Filtern hat einige Vorteile. Zum einen stellt sich hierbei nicht die zuvor beschriebene Problematik mit der Additivasche. Zum anderen kann hierdurch die Oxidation von CO und HC erzielt werden. Ein Nachteil des beschichteten Filters ist, dass bei der Regeneration mehrere Maßnahmen für eine Erhöhung der Abgastemperatur eingeleitet werden müssen.

6.3.2.2 HIC-System

Ein weiteres System zur Regenerierung des Partikelfilters ist das HIC-System. Dabei wird der Dieselkraftstoff vor einem Katalysator eingespritzt. Darauf folgt die katalytische Verbrennung des Kraftstoffes. Die hierdurch entstehende Wärme wird zur Regeneration des Filters eingesetzt. Da diese motorinterne Einstellung die Temperatur auf ca. 600°erhöht. Neben der eigentlichen Partikelfilterverfahrensweise spielen mehrere Komponenten und Sensoren eine zentrale Rolle in der Systematik zur Regeneration des Filters. Erfassung des Zustandes des Filters, hierbei wird der Beladungsgrad festgestellt und eine der Regenerationsstrategien ausgewählt. Darüber hinaus wird das Einspritz- und Luftsystem reguliert. Bei der Verfahrensweise von Additivsystemen wird eine Nachtank-Erkennung und Dosierungsregelung für das genutzte Additiv benötigt. [40] Die Darstellung beschreibt die Funktionsweise, sowie die wichtigsten Merkmale des DPFs.

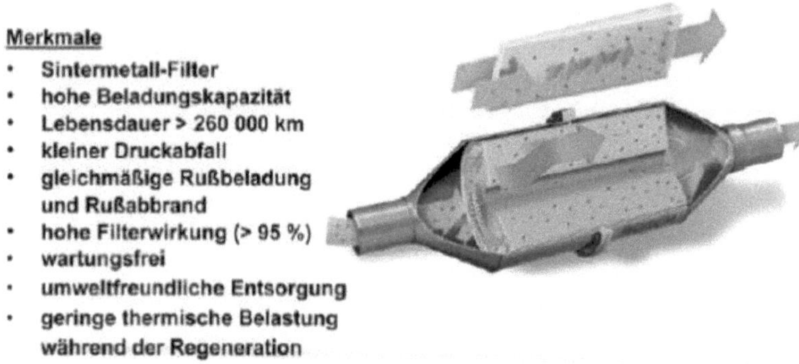

Abbildung 12: Dieselpartikelfilter (DPF)[41]

6.4 Diesel- Oxidationskatalysator

Der Diesel- Oxidationskatalysator dient unteranderem zur Senkung der CO- und HC Emission, sowie der Reduktion der Partikelmasse des Abgases. Als weitere Funktionen sind die Oxidation von NO zu NO_2 und dessen Einsatz als katalytischer Brenner zu nennen, wie auch aus der Abbildung 13 zu entnehmen ist. Im Folgenden Abschnitt wird der Diesel-Oxidationskatalysator als zentraler Bestandteil der Abgasnachbehandlung hinsichtlich dessen Funktions- und Wirkungsweise analysiert.

[40] Vgl. Breuer, 2012, S. 374ff.

[41] Wiesinger, 2015 (Kfztech)

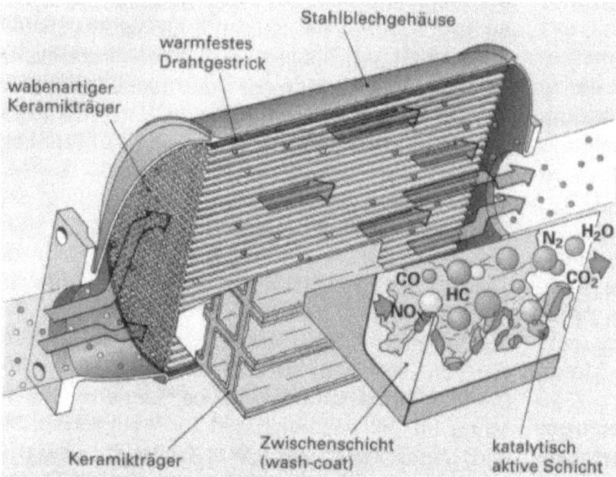

Abbildung 13: Funktionsdarstellung eines Oxidationskatalysators[42]

6.4.1 Senkung der Co- und HC-Emission

Zunächst wird zur Senkung der CO- und HC- Emission Kohlenmonoxid (CO) und Kohlenwasserstoff (HC) zu Kohlendioxid (CO_2) und Wasserdampf (H_2O) oxidiert. Der Prozess der Oxidation erfolgt fast vollständig, ab einer bestimmten Grenztemperatur, der sogenannten Light- off- Temperatur. Abhängig von der Katalysatorzusammensetzung, Abgaszusammensetzung und Strömungsgeschwindigkeit liegt diese Grenztemperatur bei 170 bis 200 °C. Hierbei steigt der Umsatz innerhalb des Temperaturintervalls von 20 bis 30 °C auf über 90% an. [43]

6.4.2 Reduktion der Partikelmasse

Bei der Funktion zur Reduktion der Partikelmasse werden die vom Dieselmotor ausgestoßenen Partikel bei höheren Temperaturen vom Partikelkern resorbiert. Die Partikel bestehen teilweise aus Kohlenwasserstoffen. Dementsprechend kann aufgrund der Oxidation dieser Kohlenwasserstoffe die Partikelmasse (PM) um ungefähr 15 bis 30% reduziert werden. [44]

6.4.3 Oxidation von NO zu NO_2

Als zentrale Funktion des Diesel- Oxidationskatalysator wird die Oxidation von NO zu

[42] Wiesinger, 2015 (Kfztech)

[43] Vgl. Breuer, 2012 S. 382.

[44] Vgl. Breuer, 2012, S.382.

NO_2 beschrieben. Der hohe NO_2 Anteil am NO_x spielt für die Funktion der folgenden Komponenten, wie etwa dem Partikelfilter oder dem SCR-Systemm eine wichtige Rolle.
Beim motorischen Rohabgas ist das Verhältnis vom NO_2- Anteil zum NO_x häufig nur 1: 10. In Anwesenheit von Sauerstoff (O_2) steht das NO_2 mit NO in einem temperaturabhängigen Gleichgewicht. Zentrale Aufgabe des DOC ist, mittels Herstellung des thermodynamischen Gleichgewichts bei niedrigen Temperaturen das
Verhältnis von NO_2: NO an zu heben. Abhängig von der Zusammensetzung des Abgases sowie der Katalysatorbeschichtung kann dies ab einer Temperatur von 180 bis 230 °C realisiert werden. Dementsprechend kommt es zu einem Anstieg der Konzentration von NO_2 in diesem Temperaturbereich. Bei steigenden Temperaturen ist nach dem thermodynamischen Gleichgewicht eine Abnahme der NO_2-Konzentration zu verzeichnen. [45]

6.4.4 Katalytischer Brenner

Der Oxidationskatalysator fungiert darüber hinaus auch als katalytische Heizkomponente. In dieser Funktionsweise wird die durch Oxidation von CO und HC freiwerdende Reaktionswärme zur Erhöhung der Abgastemperatur nach dem Katalysator verwendet. Mittels der motorischen Nacheinspritzung beziehungsweise dem nachmotorischen Einspritzventil kann eine bewusste Anhebung der CO- und HC- Emissionen erzeugt werden. Beispielsweise bei der Anhebung der Abgastemperatur bei der Partikelfilter- Regeneration kommen katalytischen Brenner zum Einsatz.

Durch die bei der Oxidation freigesetzte Wärme steigt je 1 Vol.- % CO die Temperatur des Abgases um etwa 90 °C. Im Katalysator stellt sich ein physikalischer Vektor beziehungsweise Temperaturgradient durch diese schnelle Temperaturerhöhung ein. Teilweise kommt es nur im vorderen Bereich des Katalysators zum CO- bzw. HC- Umsatz sowie der Wärmefreisetzung. Der zulässige Temperaturhub wird aufgrund der entstandenen Werkstoffbelastung des Katalysators und des keramischen Trägers auf etwa 200 bis 250 °C beschränkt.

6.4.5 Struktureller Aufbaus des Oxidationskatalysators

Der Oxidationskatalysator setzt sich aus einer Trägerstruktur aus Keramik beziehungsweise Metall, einer Oxidmischung aus Aluminiumoxid (Al_2O_3), Ceroxid (CeO_2) und Zirkonoxid (ZrO_2) zusammen. Weitere Bestandteile sind die katalytisch aktiven Edelmetallkomponenten Platin (Pt), Rhodium (Rh) und Palladium (Pd).

Die Bereitstellung einer großen Oberfläche für das Edelmetall ist eine wichtige Aufgabe des Katalysators. Bei hohen Temperaturen tritt eine Sinterung des Katalysators auf. Diese führt zu einer irreversiblen Abnahme der Katalysatoraktivität. Dieser Effekt wird durch die Wirkungsweise des Katalysators verlangsamt.

[45] Vgl. ebd. S.382.
[46] Vgl. ebd. S.382.

Gleichzeitig muss die hochporöse Struktur des Katalysators standhaft gegenüber solchen
Sinterungsprozessen sein.

Die für die Beschichtung eingesetzte Edelmetallmenge beziehungsweise die sogenannte Beladung wird in g/ft^3 gemessen. Die Beladung liegt hierbei im Bereich 50 bis 90 g/ft^3 Um den Einsatz an Edelmetallen zu verringern werden aufgrund der Tatsache, dass nur die Oberflächenatome chemisch aktiv sind, möglichst kleine Edelmetallpartikel (wenige nm.) erzeugt und stabilisiert.

Hinsichtlich des strukturellen Aufbau des Katalysators und der Wahl der Katalysatorzusammensetzung lassen sich unterschiedliche Einflussfaktoren wie beispielsweise Anspringverhalten (Light- off- Temperatur), Umsatz, Temperaturstabilität, Toleranz gegenüber Vergiftung, sowie Produktionskosten benennen.

An dieser Stelle erfolgt die Betrachtung der inneren Struktur des Oxidationskatalysators. Parameter welche die innere Struktur beeinflussen sind unteranderem die Dichte der Kanäle (angegeben in cpi, Channels per inch^2), die Außenmaße des Katalysators (Querschnittsfläche und Länge), sowie die Wandstärke der jeweiligen Kanäle. Kanaldichte und Wandstärke beeinflussen das Aufwärmverhalten, die mechanische Stabilität und den Abgasgegendruck des Katalysators. Das Volumen des Katalysators
(V_{kat}) ist Abhängig vom Abgasvolumenstrom. Letzteres verhält sich proportional zum Hubvolumen (V_{Hub}) des Motors. Das Verhältnis von Abgasvolumenstrom zu Katalysatorvolumen ist die Raumgeschwindigkeit (Einheit: h^{-1}). Typische Werte für die Raumgeschwindigkeit eines Oxidationskatalysators sind 150000 bis 250000 h^{-1}.

Eine effiziente Abgasnachbehandlung ist Abhängig von den eingesetzten Katalysatoren sowie den jeweiligen Betriebsbedingungen, welche wiederrum durch motorische Bedingungen beeinflusst sind. Darunter fällt beispielsweise die Einspritzung in die jeweiligen Zylinder. Mithilfe des Motormanagements können diese in einem weiten Bereich eingestellt werden. Bei zu hohen Betriebstemperaturen kommt es zu Sinterungsprozessen. Hierbei entsteht aus vielen kleineren Edelmetallpartikeln ein großes Partikel mit dementsprechend kleinerer Oberfläche, was eine verminderte Aktivität zur Folge hat. Durch Vermeidung von zu hohen Temperaturen mittels des Abgasmanagements kann die Haltbarkeit des Katalysators gesteigert werden.[47]

6.5 Abgasrückführsystem

Die innermotorische Maßnahme der Abgasrückführung (AGR) verfolgt die Absenkung der NO_x- Emissionen bei Dieselfahrzeugen. Es wird zwischen interner und externer AGR differenziert. Die Interne AGR wird unmittelbar durch die Ventilsteuerzeiten beeinflusst. Die externe AGR wird durch ein Regelventil und

[47] Vgl. Breuer, 2012, S.383.

zusätzlichen Leitungen dem Brennraum hinzugeführt. Die Verringerung der NOx-Emission durch die Funktionsweise des AGRs lässt sich auf unterschiedliche Aspekte zurückführen. Einen positiven Einfluss auf die Reduzierung haben unter anderem die Reduktion des Abgasmassenstroms und die Absenkung der Brenngeschwindigkeit. Durch einen erhöhten Inertgasanteil im Brennraum kommt es zur Absenkung der lokalen Spitzentemperatur, sowie zur Verringerung des Sauerstoffpartialdrucks und dem lokalen Luftverhältnis, was ebenfalls eine Minderung der Emission bedingen kann.

Bei hohen lokalen Temperaturen (>2000 K) sowie einem hohen Sauerstoffpartialdruck kommt es zur Bildung von NO_x. Durch die bereits beschriebenen Wirkprinzipien kann mit einer erhöhten AGR- Rate dieser Bildung von NO_x entgegengewirkt werden.

Die Herabsetzung der reaktiven Komponenten führt zu einem Schwarzrauchanstieg im Brennraum, daraus resultiert eine Begrenzung des rückführbaren Abgasanteils. Die zurückgeführte Abgasmenge hat einen Einfluss auf die Länge des Zündverzugs. Bei ausreichend hohen AGR-Raten in der unteren Teillast werden die Zündverzüge stark vergrößert. Der dieseltypische diffusive Anteil der Verbrennung wird stark verringert, weshalb die Verbrennung erst nach der Vermischung großer Mengen von Luft und Kraftstoff erfolgt. Um in unteren Teillastbereichen eine NO_x- und partikelarme Verbrennung zu erreichen, wird diese Teilhomogenisierung bei modernen HCCIBrennverfahrensweisen verwendet.

Im folgenden Abschnitt wird die Funktionsweise des AGR detailliert erläutert. Das AGRSystem lässt sich in zwei Sektoren unterteilen. Die beiden Sektoren werden als Hochdruck- AGR sowie Niederdruck- AGR bezeichnet. Zunächst soll auf die Funktionsweise des Hochdruck AGRs eingegangen werden.

6.5.1 Hochdruck AGR

Die aktuellen in Serie existierenden AGR-Systeme sind in erster Linie Hochdruck-AGRs.

Hierbei wird Abgas noch vor der Turbine des Abgasturboladers abgetrennt. Im nächsten Schritt wird dieses Abgas dem Motor vor dem Luftsammler mit Hilfe einer speziellen

Mischeinrichtung hinzugegeben. Je nach Druckdifferenz von Abgasgegendruck vor der Turbine, dem Saugrohrdruck und der Position des AGR- Ventils orientiert sich die Menge des AGRs.

Bei den meisten Modellen der PKW- Motoren reicht das Druckgefälle in den für die Emission bedeutsamen Kennfeldbereich aus. Bei den unteren Lastpunkten wird jedoch oftmals eine saugrohrseitige Abdrosselung benötigt. Hierdurch wird eine ausreichend hohe AGR- Raten verfolgt. Anders ist der gegenwärtige Entwicklungsstand bei NKW- Motoren. Wegen dem stark ausgedehnten Lastbereiches sowie der verbesserten Turboladerwirkungsgrade bei NKW-Motoren muss zur Umsetzung des AGR-Systems auf verschiedene Maßnahmen wie beispielsweise Flatterventile oder Venturi-Mischer zugegriffen werden. Durch die Messung der Luftmasse wird die AGR-Rate bei PKWs reguliert. Die Regelung der

AGR-Rate bei NKWs erfolgt durch das Differenzdrucksignal an dem jeweiligen Messventuri.

6.5.2 Niederdruck AGR

Im Folgenden wird auf die Funktionsweise des Niederdruck AGR-Systems eingegangen. Bei diesem System wird das zugeführte Abgas erst nach der Turbine und der Abgasnachbehandlung entnommen. Hierbei wird diese vor dem Verdichter der Luftseite zugegeben. Ein zentraler Vorteil der Niederdruck-Systematik ist, dass die verbesserte Kühlung des Gemischs aus Abgas und Frischluft, nachdem dieses den Verdichter und Ladeluftkühler durchlaufen hat, sowie eine Gleichverteilung des AGRs zwischen den jeweiligen Zylindern.

Zur Verbesserung der Abgaskühlung des AGRs zu wird die Temperatur der zurückgeführten Abgasmenge mittels eines mit Motorkühlmittel durchströmten Wärmetauschers gesenkt. Dementsprechend kommt es zu einem Anstieg der Dichte im Saugrohr, worauf sich eine niedrigere Verdichtungsendtemperatur einstellt. Bei einer konstanten AGR-Rate kompensieren sich die Einflüsse der höheren lokalen Luftverhältnisse als Folge einer erhöhten Ladungsdichte. Es kommt zu einer abgesenkten Spitzentemperatur aufgrund der niedrigeren Verdichtungstemperatur. Gleichermaßen wird die AGR-Verträglichkeit gesteigert. Dementsprechend führen die möglichen höheren AGR-Raten zu niedrigeren NO_x- Emission.

Bei sehr niedrigen Lastpunkten weist das Abgas des Dieselmotors eine niedrige Temperatur auf. Somit resultiert die Abkühlung des zurückgeführten Abgases, bei den zur Verringerung der NO_x- Emissionen benötigten hohen AGR-Raten, in einer instabilen Verbrennung. Dies führt wiederum zu einem beachtlichen Anstieg der Co- und HC- Emissionen. Während der kalten Anfangsphase der Pkw-Emissionstests hat der Oxidationskatalysator seine Anspringtemperatur noch nicht erreicht. Hierbei ist der abschaltbare AGR-Kühler sehr effizient, um mittels Erhöhung der Brennraum-temperaturen und somit Stabilisierung der Verbrennung, die Abgastemperatur zu steigern und die CO- und HC- Rohemissionen zu senken. Auf diese Weise erlangt der Oxidationskatalysator schneller die benötigte Betriebstemperatur. Eine mittels des variablen Ventiltriebs erzielte interne AGR bedingt ein dynamisches und günstiges Betriebsverhalten. Eine Möglichkeit wäre beispielsweise das Öffnen der Auslassventile während des Ausschiebens beziehungsweise die Erhöhung des Restgasanteils im Zylinder mittels eines frühen „Auslass schließen“. Hierdurch ermöglicht sich, bei entsprechender Ansteuerung des Ventiltriebs, die Anpassung der AGR-Rate auf den jeweiligen Arbeitszyklus. Ein prägnanter Nachteil dieser Vorgehensweise ist jedoch, die erhöhte Temperatur des rückgeführten Abgases. Dementsprechend werden die möglichen AGR-Raten deutlich begrenzt.

Die Minderung der NO_x-Emissionen stellt sowohl an Pkw als auch Nkw erhöhte Ansprüche an das Abgaskonzept von Dieselmotoren zur Einhaltung der stattlichen Emissionsgrenzwerte. Die AGR wird auch künftig die wichtigste Methode zur Senkung der NO_x-Rohemissionen sein. Dementsprechend wird die AGR-Rate, zusammen mit der Erhöhung der AGR-Verträglichkeit der Brennverfahren weiter steigen. Die Reglementierung der AGR muss für jeden Zylinder möglichst schnell und präzise erfolgen, um so geringe Emissionswerte in Verbindung mit einer idealen Fahrbarkeit zu erzielen. Hierbei ist die Kombination aus Niederdruck-AGR und interner AGR durch einen variablen Ventiltrieb geregelt am geeignetsten.[48]

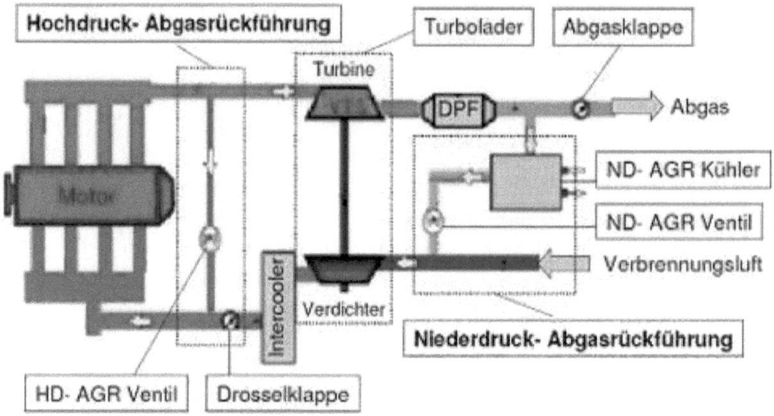

Abbildung 14: Kombination aus Hochdruck- und Niederdruck-AG[49]

6.6 Evaluation der Faktoren zur Reduzierung von Emissionswerten

In diesem Kapitel wurden die einzelnen Faktoren, die zur Reduzierung von Emissionswerten führen können bewertet und gegenübergestellt. Um das Abgas beim Dieselmotor von den Schadstoffen aus der Verbrennung zu reinigen, müssen zusätzliche Systeme zur Nachbehandlung eingesetzt werden. Bei der theoretischen Auseinandersetzung wurden die einzelnen Stufen zur Reduzierung evaluiert.

Die Reinigung der Emissionen beginnt bereits im vorderen, innermotorischen Sektor. Dies bezieht sich auf das Bauteil der Abgasrückführung (AGR, englisch: Exhaust Gas Recirculation, EGR). Hierbei erfolgt die kontrollierte Einleitung der Verbrennungsgase zurück in den Brennraum. Die Abgasrückführung ist eine effiziente Methode, um bereits während der Kraftstoffverbrennung Stickoxide (NOx) zu reduzieren. Bei der Verbrennung des Kraftstoff-Luft-Gemischs kommt es mit dem Anstieg der Verbrennungstemperatur zur erhöhten Bildung von Stickoxiden. Durch die teilweise Rückführung der Abgase in den Brennraum erfolgt die Senkung der Verbrennungstemperatur im Zylinder. Auf diese Wiese kann die Bildung von Stickoxiden verringert werden. Mittels der kontrollierten Zumischung von Abgas kann

[48] Vgl. Stein, 2012, S. 360ff.

[49] Mann+Hummel, 2015

das Abgasverhalten bezüglich der Lastbedingungen des Motors beeinflusst werden. Beim AGR wird das Abgas mittels eines elektronisch vom Motormanagement geregelten Ventils über ein Rohrleitsystem in den Ansaugkanal zurückgeführt. Von hier aus wird es erneut in den Brennraum angesaugt.

Die erste Stufe der Abgasreinigung ist typischerweise der Oxidationskatalysator. Durch den Oxidationskatalysator werden mittels Oxidation und Reduktion, die Verbrennungsschadstoffe Kohlenmonoxid (CO) und Kohlenwasserstoff (HC) in ungiftiges Kohlenstoffdioxid (CO_2) und Wasser (H_2O) umgewandelt.

In der zweiten Stufe erfolgt durch den Dieselpartikelfilter (DPF) die Reinigung des Abgases von Ruß. Die notwendige Reinigung des Filters erfolgt durch die Verbrennung der eingelagerten Partikel. Der gewünschte Reinigungserfolg tritt bei einer Mindestemperatur von 350 °C des Partikelfilters ein. Im alltäglichen Stadtverkehr erreicht der Filter diese Temperatur eher selten, weshalb er aktiv freigebrannt werden muss. Hierbei wird durch die Motorsteuerung die Abgastemperatur auf 600 °C erhöht. Jedoch ist dies mit einem kurzzeitigen Mehrverbrauch und damit höheren CO_2-Emissionen von bis zu 9 Prozent verbunden. Der Rußfilter eines Neuwagens hat einen Wirkungsgrad von fast 100 Prozent.

Zur Reduzierung der NOx-Emissionen existieren bei der dritten Stufe zwei verschiedenen Technologien, die auch in Kombination eingesetzt werden können: Der NOx-Speicherkatalysator (NSC) sowie der SCR-Katalysator. Durch die selektive katalytische Reduktion können Stickoxide aus dem Abgas mit einem hohen Wirkungsgrad entfernt werden. Im Gegensatz zum Dieselpartikelfilter (DPF) stellt sich hierbei kein Kraftstoffmehrverbrauch ein. Dieser Vorteil zeigt sich auch im Vergleich mit alternativen Verfahren zur Reduktion von Stickoxiden mittels eines NO_xSpeicherkatalysators. Ebenso wie der DPF erfordert dieser Katalysator eine temporäre Abwendung von den optimalen Verbrennungsverhältnissen. Durch den Einbau eines SCR-Systems zur NO_x-Minderung kann der Motor in verbrauchsgünstigeren Betriebspunkten betrieben werden. Hierdurch kann der Verbrauch, je nach Fahrweise zwischen 3 und 8 Prozent gesenkt werden. Ein wesentlicher Nachteil beim SCRVerfahrens bezieht sich auf den notwendigen Betriebsstoff AdBlue. Dieser muss in einem zusätzlichen Tank mitgeführt sowie bedarfsgerecht in den Abgasstrom eingesprüht werden. Dementsprechend bedarf es zusätzlich zu dem SCR-Katalysator und der Einsprühanlage eines weiteren Tanks neben dem Dieseltank. Beim NO_xSpeicherkatalysator werden die Stickoxide kontinuierlich auf einer Speicheroberfläche angelagert. Diese Oberfläche besteht überwiegend aus einer Bariumverbindung. Mit Erreichen des Endbeladungszustands wird der Katalysator regeneriert. Bei diesem Vorgang werden die eingelagerten Stickoxide aus der Speicherstruktur entfernt und in die Komponenten Kohlendioxid (CO_2) und Stickstoff (N2) konvertiert. Die Vorgänge der Ausspeicherung des NO_x sowie die Konvertierung laufen getrennt voneinander ab. Zu

Beginn der Regeneration wird Luftmangel eingestellt ($\lambda < 1$). Hierbei dienen als Reduktionsstoffe die im Abgas vorhandenen Komponenten Kohlenmonoxid (CO) und Kohlenwassersstoffe (HC).

Diese Zusammenfassung hat verdeutlich, dass die Evaluation mit einem eindeutigen Lösungsergebnis kaum zu realisieren ist. Da eine Substitution der einzelnen Bauteile zu einer deutlichen Verschlechterung führen würde. Die erfolgte Evaluation in dieser Arbeit, hat jeweilige Charakteristika und Bedeutsamkeiten der einzelnen Faktoren in Bezug auf die Emissionsminderung herausgestellt. Mit Hilfe der Abbildungen wurden die einzelnen Prozessstufen veranschaulicht. Die Erkenntnisse der Evaluierung verdeutlichen, dass die technischen Maßstäbe der Automobilhersteller hoch entwickelt sind, jedoch trotz stetiger Innovationen kein gänzlich umweltfreundlicher Luftausstoß erzielt werden konnte.

7 Fazit

Abschließend werden die Erkenntnisse dieser Arbeit zusammengefasst und ein Ausblick auf weitere Forschung bezüglich der Reduzierung von Emissionswerten bei Dieselfahrzeugen gegeben.

7.1 Zusammenfassung

Diese Arbeit baut auf der Betrachtung der jeweiligen Faktoren zur Reduzierung von Emissionswerten auf und thematisiert dadurch gegenwärtige Problemstellungen Motorentechnologie. In diesem Zusammenhang wurden vor allem die folgenden Bauteile der Abgasreinigung analysiert und bewertet:

Zu Beginn der Arbeit wurde zunächst die Historik des Dieselmotors thematisiert. Die darauffolgende Auseinandersetzung mit dem Aufbau und Funktionsweise des Motors ist eine notwendige Grundlage einer vertieften Auseinandersetzung mit den einzelnen Faktoren. Der selbstzündende Dieselmotor ist bedingt durch die positiven Charakteristika umweltfreundlicher als der konkurrierende Ottomotor.

Ein wichtiger Einfluss in Bezug auf den Schadstoffausstoß lässt sich auf den Kraftstoff zurückführen. Hierbei werden die Anforderung der Kennzahlen sowie die Zündwilligkeit bestimmt. Dadurch können Zündmechanismen verbessert werden und auf diese Weise zu einer Emissionsverminderung beitragen.

Das vierte Kapitel hat sich mit der politisch, gesellschaftlichen Ebene der Abgasproblematik auseinandergesetzt. Um dem Treibhauseffekt entgegenzuwirken wurde im Jahr 2008 die Umweltplakette eingeführt. Das Umweltbundesamt überwacht die Einhaltung der Emissionswerte. Dementsprechend muss die Automobilindustrie ihre Neufahrzeuge an diese Emissionsnormen anpassen. Somit wird bereits auf Seiten der Hersteller gegen die Schadstoffbelastungen vorgegangen. In diesem Zusammenhang wurde auf die Ursachen und Folgen des Abgas-Skandal bei VW eingegangen.

Darauf folgt im 5. Kapitel die Auseinandersetzung mit den spezifischen ausgestoßenen Schadstoffen durch Dieselfahrzeugen im Straßenverkehr. Die Schadstoffemissionen führen zu erheblichen Schädigungen der menschlichen Gesundheit und des globalen Ökosystems.

Zur Reduzierung von Emissionswerte werden unterschiedliche Bauteile in das Abgassystem implementiert. Auf diese Weise wird mittels Reduktion, Oxidation, Verbrennung und Rückführung der Schadstoffgehalt des Abgases minimiert. Vergleichbar mit einer Abwasserbehandlungsanlage, bei der zur Reinigung der Gewässer verschiedene Reinigungsstufen eingesetzt werden um das Wasser von Bakterien zu säubern, wird in der Abgasanlage ebenfalls eine mehrstufige Methode verwendet. Durch die einzelnen Faktoren werden giftige Schadstoffe stufenweise in ungiftige umgewandelt. Durch diese Vorgehensweise konnte bereits effektiv eine Schadstoffminimierung bei Dieselfahrzeugen erzielt werden.

Nichts desto trotz besteht nach wie vor die Notwendigkeit nach Innovationen in dem Bereich der Emissionsverminderung.

7.2 Ausblick

Die vorliegende Arbeit ist auf die wichtigsten Fragen in Bezug auf die Faktoren der Emissionsreduzierung bei Dieselfahrzeugen eingegangen. Aus diesen Erkenntnissen lässt sich ein bestehender Bedarf an weiterer Forschung bezüglich der Reduzierung der Emissionswerte bei Dieselfahrzeuge feststellen. Wegweisende Technologien wie etwa die Hybridtechnik, der Wasserstoffantrieb müssen verstärkt etabliert und die erforderlichen Infrastrukturen geschaffen werden. Zentrales Ziel sollte hierbei die Entwicklung und Etablierung von sparsameren und abgasärmeren Motoren sowie Fahrzeugkonzepte sein. Die Herausforderung der Forschung liegt in der Entwicklung von Lösungen für den anhaltenden Zielkonflikt zwischen Ökologie und Ökonomie.

Literaturverzeichnis

v. Basshuysen, R. (2004). Der Verbrennungsmotor. In v. Basshuysen, R. & Schäfer, F. , Lexikon Motorentechnik (S. 258-260). Wiesbaden: Vieweg & Sohn Verlag.

Dr. Ing. Becher, S. & Dr. Ing. Eggert, T. (2012). Abgasgesetzgebung. In Reif, K. , Dieselmotor- Management, Systeme, Komponenten, Steuerung und Regelung (S.496514). Wiesbaden: Springer.

Dr. rer. nat. Breuer, N. & Dr. rer. nat. Hauber, T. u. A. (2012). Abgasnachbehandlung. In Reif, K., Dieselmotor- Management, Systeme, Komponenten, Steuerung und Regelung (S. 364-383). Wiesbaden: Springer.

Dipl.-Ing. Brühmann, W. (2012). Systemübersicht Common Rail System. In Reif, K., Dieselmotor- Management, Systeme, Komponenten, Steuerung und Regelung (S.276289). Wiesbaden: Springer.

Bundesverbraucherzentrale (2016) Abgerufen am 13.11.2016 von https://www.verbraucherzentrale.de/vw-skandal

Eidems, V. (2009). Verkehrsabgase: Sauber, aber nicht rein. Abgerufen am 13.11.2016 von http://www.bpb.de/gesellschaft/umwelt/dossier-umwelt/61249/verkehrsabgase?p=1

Dipl.-Ing. Grieshaber, H. & Dr.-Ing. Raatz, T. (2012). Grundlagen des Dieselmotors. In Reif, K., Dieselmotor- Management, Systeme, Komponenten, Steuerung und Regelung (S.28-45). Wiesbaden: Springer.

Helmers, E. (2008). Partikelmessungen, Abgasgrenzwerte, Stickoxide, Toxikologie und Umweltzonen. Wiesbaden: Springer.

Landsmann, G. (2010). Steuerung und Regelung Pkw-Dieselmotoren- Stand und zukünftige Anforderungen. In Isermann, R., Elektronisches Management motorischer Fahrzeugantriebe, Elektronik, Modellbildung, Regelung und Diagnose für Verbrennungsmotoren, Getriebe und Elektroantriebe (S. 67- 85). Wiesbaden: Vieweg & Teuber.

Dr. Ing. Lejsek, D. (2014). Grundlagen des Ottomotors. In Reif, K., OttomotorManagement, Steuerung, Regelung und Überwachung (S.10-49). Wiesbaden: Springer.

Dr. Ing. Posselt, A. & Dr. Ing. Wolber, J. u. A. (2014). Kraftstoffversorgung In Reif, K., Ottomotor-Management, Steuerung, Regelung und Überwachung (S. 50-73). Wiesbaden Springer.

Dr. Ing. Raatz, T. (2010). Grundlagen des Dieselmotors. In Reif, K., Dieselmotor-Management im Überblick, einschließlich Abgastechnik (S.14-30). Wiesbaden: Springer.

Reif, K. (2012). Geschichte des Dieselmotors. In Reif, K., Dieselmotor- Management, Systeme, Komponenten, Steuerung und Regelung (S.14-23). Wiesbaden: Springer.

Robert Bosch GmbH (2004). Dieselmotor-Management, Systeme und Komponenten. Wiesbaden: Vieweg & Sohn Verlag.

Dr. Schernewski, R. (2012). Abgasemission. In Reif, K., Dieselmotor- Management, Systeme, Komponenten, Steuerung und Regelung (S.492-495). Springer: Wiesbaden.

Schmidt, H. (2013) Emissionsfaktoren von Otto- und Diesel-PKW, Abschlussbericht, 30.04.2013. In Umweltbundesamt. Umweltforschungsplan des Bundesministers für Umwelt, Naturschutz und Reaktorsicherheit –Luftreinhaltung. TÜV Nord.

Dipl.-Ing. Stein, J. (2012) Innermotorische Emissionsminderung. In Reif, K., Dieselmotor- Management, Systeme, Komponenten, Steuerung und Regelung (S.342-363). Springer: Wiesbaden.

Ostwald, W. (1956). Rudolf Diesel und die motorische Verbrennung. München: Verlag von R. Oldenbourg.

Tschöke, H. & Graf, A. (2007). Abgasemission von Dieselmotoren. In Mollenhauer, K. & Tschöke, H., Handbuch Dieselmotoren (S.459-557). Berlin: Springer.

Dr. rer. nat. Ullmann, J. (2012). Kraftstoffe. In Reif, K., Dieselmotor- Management, Systeme, Komponenten, Steuerung und Regelung (S. 46-55). Wiesbaden: Springer.

Umweltbundesamt (2015). Abgerufen am 15.11.2016 von https://www.umweltbundesamt.de/themen/luft/luftschadstoffe/feinstaub/umweltzonenin-deutschland

Umwelt Bundesamt (2016) Abgerufen am 03.11.2016 von http://www.umweltbundesamt.de/themen/luft/luftschadstoffe/stickstoffoxide

Vieweg, C.(2015). Dieselskandal. Die Tricks der Autohersteller. Abgerufen am 14.11.2016 von http://www.zeit.de/mobilitaet/2015-09/motorsoftware-tricks-nefz-co2emission